硅谷工程师爸爸的超强数学思维课

图解数学思维训练课

建立孩子的数学模型思维

多步计算应用训练课

憨爸

胡 斌
叶展行 —— 著

人民邮电出版社
北京

图书在版编目（CIP）数据

图解数学思维训练课：建立孩子的数学模型思维.
多步计算应用训练课 / 憨爸，胡斌，叶展行著. -- 北京：
人民邮电出版社，2020.7
（硅谷工程师爸爸的超强数学思维课）
ISBN 978-7-115-54015-7

Ⅰ．①图… Ⅱ．①憨… ②胡… ③叶… Ⅲ．①数学—
儿童读物 Ⅳ．①01-49

中国版本图书馆CIP数据核字(2020)第081671号

内 容 提 要

图形化思维能力是数学思维中极其重要的部分。本书面向学龄前到小学阶段的孩子，详细阐述了图形化
建模的原理、步骤和思维方法，由浅入深地引导孩子通过画图的方式思考并解决数学问题，形成良好的沟通
和思维习惯，进而解决生活中的实际问题，为孩子初中、高中阶段的学习奠定基础。

本书首先详细讲解了如何通过画图法来解决多步计算相关的应用题，深入分析了19种典型问题的图解思
维。之后，以趣味性STEAM项目的形式培养孩子的实际问题解决能力。

书中的章节分为两大类，一是知识点讲解及训练，通过循序渐进的思考过程解析来培养孩子的图形化思
维，并辅以大量的思维训练巩固学习效果。二是STEAM项目，引入先进的项目制学习体验，通过生动有趣的
科学、工程或技术项目，训练孩子利用图形化思维来解决实际应用问题的能力。

本书还配套开发了一套视频课程，帮助孩子更好地学习。

本书由北京景山学校数学教师王宁、北京市三帆中学英语教师任雨橦参与审校，特此感谢。

◆ 著　　　　　　憨　爸　胡　斌　叶展行
　　责任编辑　宁　茜
　　责任印制　彭志环

◆ 人民邮电出版社出版发行　　北京市丰台区成寿寺路 11 号
　　邮编　100164　　电子邮件　315@ptpress.com.cn
　　网址　https://www.ptpress.com.cn
　　涿州市般润文化传播有限公司印刷

◆ 开本：787×1092　1/16
　　印张：7　　　　　　　　　　　　2020 年 7 月第 1 版
　　字数：142 千字　　　　　　　　2025 年 1 月河北第 12 次印刷

定价：53.00 元

读者服务热线：（010）53913866　　印装质量热线：（010）81055316
反盗版热线：（010）81055315
广告经营许可证：京东市监广登字20170147号

序言

我问大家一个问题啊，你觉得数学里什么题目最难啊？

我估计绝大多数的孩子都会说是"应用题"！

的确，应用题在数学考试中分值最大，分数占比也高。更为关键的是，应用题是那种"会就是会、不会就是不会"的题目。孩子看到的就是洋洋洒洒的一大段文字描述，如果他们没办法根据文字列出正确的表达式，那这么大分值的题目很可能一分都拿不到。

那如何帮助孩子快速地解答应用题呢？

在新加坡的数学教学体系里，有一种叫作"建模"的方法，它的核心思想就是将应用题的文字用图形化的方式表示出来，然后根据图形再列出表达式，这样一来解答应用题就会变得非常容易。

我写这本书的目的，就是将新加坡数学教学中的建模法和中国的数学学习方法相结合，用画图的方式帮助孩子解决数学里的各种应用题。

这套《图解数学思维训练课：建立孩子的数学模型思维》一共分为 3 册，包括"数字与图形·加法与减法应用训练课""乘法与除法应用训练课""多步计算应用训练课"，共 11 章，从易到难，一步一步教会孩子如何利用画图的方式来解题。

第1步 教画图的基本概念，用方框来抽象地表示应用题中的数据。

第2步 教加减法的画图法，针对加法和减法相关的应用题画出模型图。

第3步 教乘除法的画图法，针对乘法和除法相关的应用题画出模型图。

第4步 教多步计算画图法，针对多步计算相关的应用题快速地画出模型图。

每章分为 3 个板块：

❶ 知识点学习：包括本章的知识点，以及例题讲解。

❷ 思维训练：每一章都配有习题，帮助孩子巩固本章学到的知识。

❸ 英语小拓展：罗列了英语应用题中的关键词，帮助孩子在做英语应用题时，迅速抓到题目的核心。

这套书还有一个很有特色的板块，叫作"STEAM 项目"。我们将美国教学体系中的项目制学习法（PBL，Project-Based Learning）引入中国，利用一个一个的小项目，训练孩子解决问题的能力，并且加强他们的数学应用能力，使他们能将自己学到的数学知识应用于实际问题中。

　　同时，为了帮助父母更好地引导孩子，我们给这套书配了视频课程，我会用动画的形式给孩子详细讲解每一个知识点，帮助他们更加深入地理解书中的内容。在每章标题页，都放有视频课程的二维码，同时标注与本章内容相关的视频课程名称，扫码后就能选择观看对应章节的动画视频课程内容了！

　　为了帮助孩子拓展练习，我们还专门制作了一本《英语应用题练习册》，里面有 40 道全英文的数学应用题，涉及加法、减法、乘法、除法以及混合运算（练习册末尾会配上每道英语应用题对应的中文题目和参考答案）。英语应用题阅读难度不高，词汇也很简单，但却非常有利于锻炼孩子的阅读理解能力。我们想通过这本练习册，一方面锻炼孩子的数学应用能力，另一方面训练孩子的英语阅读理解能力，两全其美！

Word Problems

1. 7 birds were sitting in a tree.
9 more birds flew up to the tree.
How many birds were there altogether in the tree?

2. 7 birds were sitting in a tree.
Some more flew up to the tree.
Then there were 16 birds in the tree.
How many more flew up to the tree?

3. There were some birds sitting in a tree.
9 more birds flew up to the tree.
Then there were 16 birds in the tree.
How many birds were there in the tree at first?

4. If Allen had 14 slices of pizza and 5 slices were eaten, how many slices would Allen have left?

这个练习册目前为非卖品，仅做成电子版供读者下载。你可以扫描下方二维码，关注我的微信公众号"憨爸在美国"，然后在公众号内回复"数学思维"，就能获得这个练习册电子版的下载链接了！

憨爸

目录　Contents

第1章

配视频课程

多步计算

（一）

本章知识点相关视频课程：

▶ 第 10 节　多步计算（一）：第一部分

▶ 第 11 节　多步计算（一）：第二部分

请扫码选择本章对应的视频课程观看

知识点学习

在《图解数学思维训练课：建立孩子的数学模型思维（数字与图形·加法与减法应用训练课）》与《图解数学思维训练课：建立孩子的数学模型思维（乘法与除法应用训练课）》中我们分别学习了加法、减法、乘法和除法的画图方法，它们都可以通过"部分－整体"画图法或者"比较"画图法来进行画图。

通过画图的方法来解数学题目，你们是不是觉得数学变得简单啦？

其实啊，我们之前只是讲了简单的画图方法，要么是加减法，要么是乘除法，通常只需要一步计算就能得出结果。

可是我们遇到的应用题往往比这些难很多。这一章，我就要给你们带来一点新的挑战哟！需要解决的问题呢，也不是一步就能算出来的，而是需要把我们前面学到的画图知识都用上。

怎么样，敢不敢接受挑战呢？

① 两步加减

请扫码选择
第 10 节视频课程观看

让我们先来看一道题目：

> 小朋友们都很喜欢恐龙吧？恐龙在 2 亿年前是地球的统治者。你知道哪种恐龙最厉害吗？
>
> 对了，是霸王龙！
>
> 不过有一种草食性恐龙也很厉害，头上长着 3 只尖角，它们叫三角龙。三角龙的防御能力很强，敢于和霸王龙战斗。
>
> 在一片沼泽地里，9 只三角龙碰到了一群霸王龙，三角龙比霸王龙多 3 只。
>
> 请问这片沼泽地里一共有多少只恐龙？

我们可以用"比较"画图法来画图：

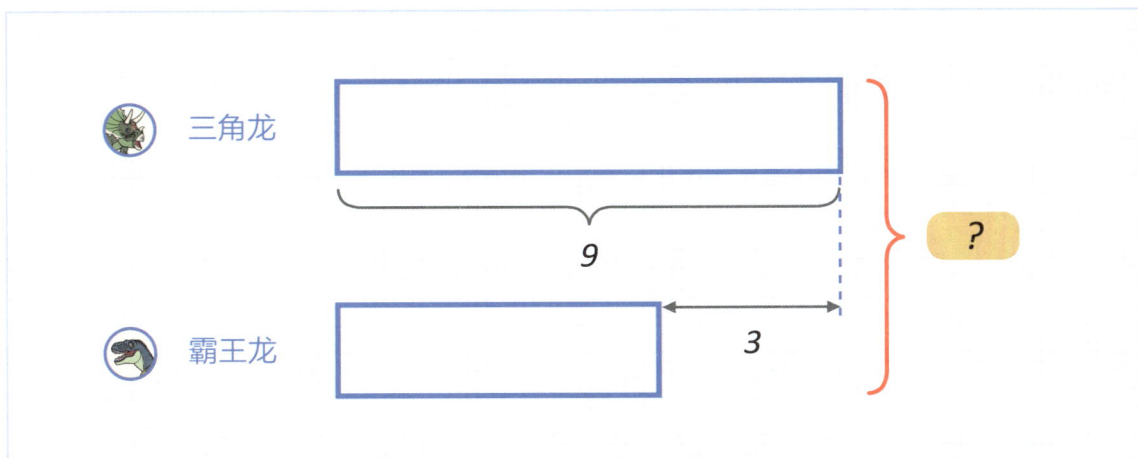

根据图形，写出已知量和未知量。

☑ 已知量：三角龙 9 只，三角龙比霸王龙多 3 只

☑ 未知量：恐龙总数量

我们需要计算恐龙的总数量，但问题是我们不知道霸王龙的数量是多少只，因此在计算恐龙总数量之前，首先得计算霸王龙的数量才行。

所以，这道题目我们可以分两步来做：

1 第一步，算出霸王龙有多少只：

$$9 - 3 = 6（只）$$

2 第二步，算出三角龙和霸王龙的总数：

$$9 + 6 = 15（只）$$

答：这片沼泽地里一共有 15 只恐龙。

2　两步乘除之一

下面再来加大一点儿难度吧！

> 你知道吗？有一种目前已知的最长的肉食性恐龙叫棘（jí）龙，它们很喜欢吃鱼。
> 有一天棘龙妈妈带着小棘龙到河里抓鱼，棘龙妈妈抓了15条鱼，是小棘龙抓到的鱼的5倍。
> 你知道棘龙妈妈比小棘龙多抓了多少条鱼吗？

画出图形：

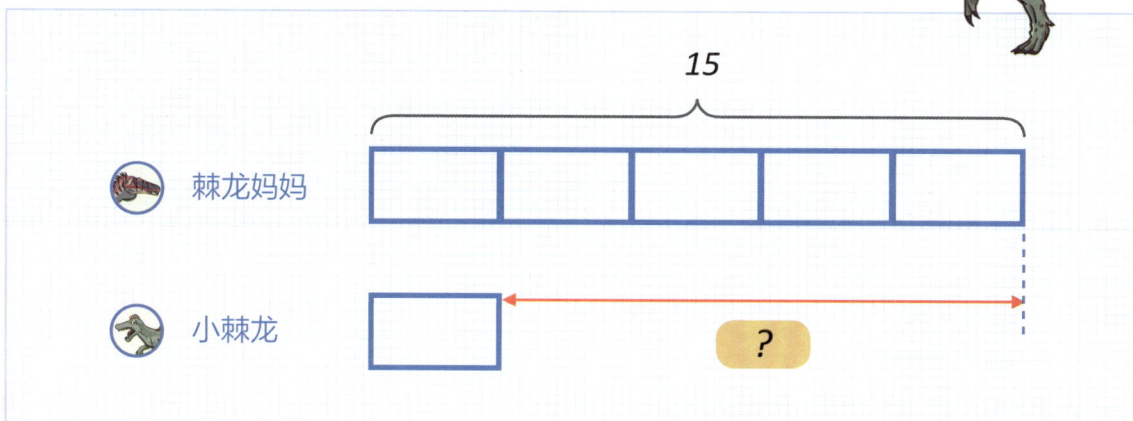

我们可以根据图形，写出已知量和未知量。

☑ 已知量：棘龙妈妈抓了15条鱼，是小棘龙抓到的鱼的5倍

☑ 未知量：棘龙妈妈比小棘龙多抓了多少条鱼

从图上可以看出，棘龙妈妈对应5个方框，因此，1个方框代表的数量是：

$$15 \div 5 = 3（条）$$

再仔细观察图形，棘龙妈妈的方框比小棘龙多出来多少个？

答案是 4 个！

因此，可以列出算式：

$$3 \times 4 = 12（条）$$

答：棘龙妈妈比小棘龙多抓了 12 条鱼。

上面这道题是问棘龙妈妈比小棘龙多抓了多少条鱼，那如果问棘龙妈妈和小棘龙一共抓了多少条鱼呢？

我们再把问题变一下：

问：棘龙妈妈和小棘龙一共抓了多少条鱼？

画图：

15

棘龙妈妈

小棘龙

?

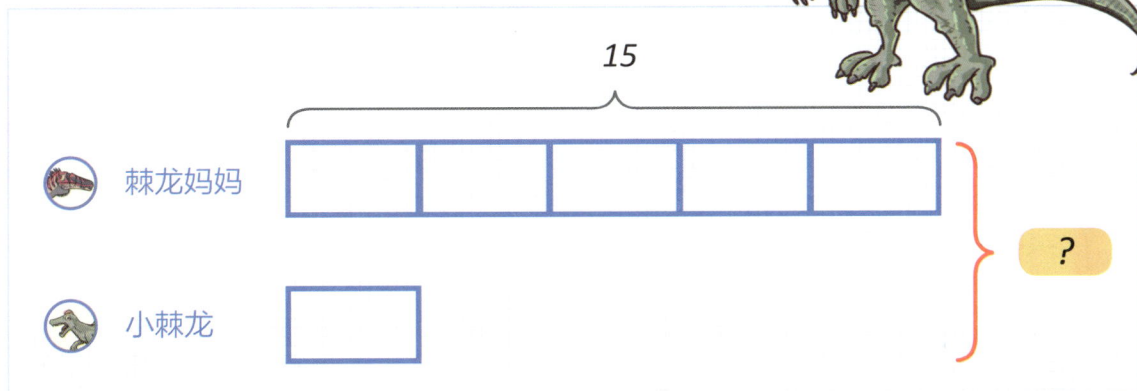

我们可以根据图形，写出已知量和未知量。

☑ 已知量：棘龙妈妈抓了 15 条鱼，是小棘龙抓到的鱼的 5 倍

☑ 未知量：棘龙妈妈和小棘龙一共抓了多少条鱼

从图上可以看出，棘龙妈妈对应 5 个方框，因此，1 个方框代表的数量是：

$$15 ÷ 5 = 3（条）$$

再仔细观察图形，棘龙妈妈和小棘龙加起来对应多少个方框呢？

答案是 6 个！

因此，可以列出算式：

$$3 × 6 = 18（条）$$

答：棘龙妈妈和小棘龙一共抓了 18 条鱼。

3 两步乘除之二

我们再把题目变换一下吧，看这道题：

> 阿根廷龙是一种草食性恐龙，它可能是地球上曾经生活过的最长的动物，长度可达到 30 多米。
>
> 马普龙是阿根廷龙的天敌。
>
> 在一块空地上，一群阿根廷龙遭遇了一群马普龙，阿根廷龙比马普龙多 9 只，阿根廷龙的数量是马普龙的 4 倍。
>
> 请问有多少只阿根廷龙？

我们在《图解数学思维训练课：建立孩子的数学模型思维（乘法与除法应用训练课）》中学习过类似的问题，而这道题要稍微难一点儿，需要两步才能解决。

画出图形：

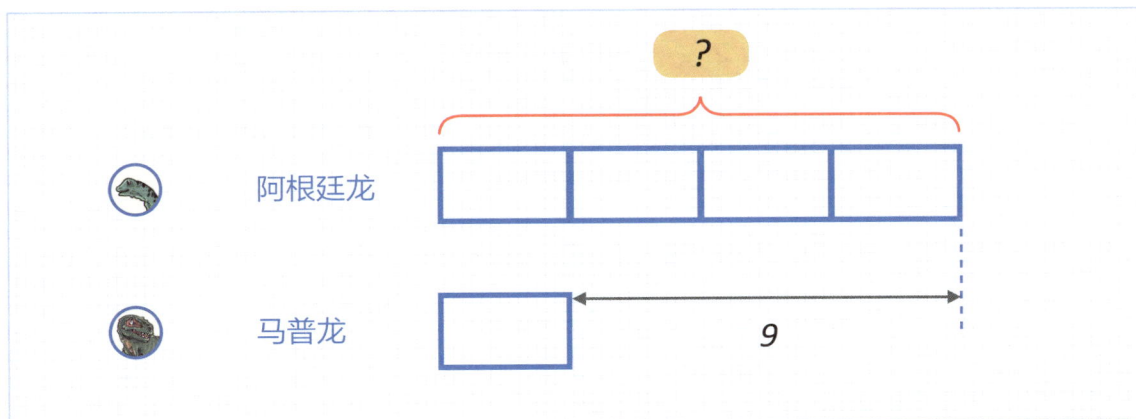

我们可以根据图形，写出已知量和未知量。

☑ 已知量：阿根廷龙比马普龙多 9 只，阿根廷龙的数量是马普龙的 4 倍

☑ 未知量：阿根廷龙的数量

阿根廷龙比马普龙多了 3 个方框，对应的 9 只，所以 1 个方框代表的数量是：

$$9 ÷ 3 = 3（只）$$

而阿根廷龙对应 4 个方框，所以：

$$3 × 4 = 12（只）$$

答：有 12 只阿根廷龙。

如果再问个问题，阿根廷龙和马普龙一共有多少只？

其实也很简单了，来数一数，阿根廷龙和马普龙一共有多少个方框呢？

答案是 5 个！

所以，列出算式：

$$3 \times 5 = 15 （只）$$

答：阿根廷龙和马普龙一共有 15 只。

小贴士

这种类型的题目可以叫"**差倍**"问题，意思是知道两个数的差和倍数关系，可以求出这两个数分别是多少。

那如果知道两个数的和与倍数关系，能不能求出这两个数分别是多少呢？

答案是当然可以，这就是"和倍"问题啦！

---

④ 两步乘除之三

请扫码选择
第 11 节视频课程观看

有一大一小两只阿根廷龙正在产蛋，它们一共产了 48 个恐龙蛋，大龙产蛋的数量是小龙产蛋数量的 3 倍。请问大龙产下了多少个蛋？

还是先画图：

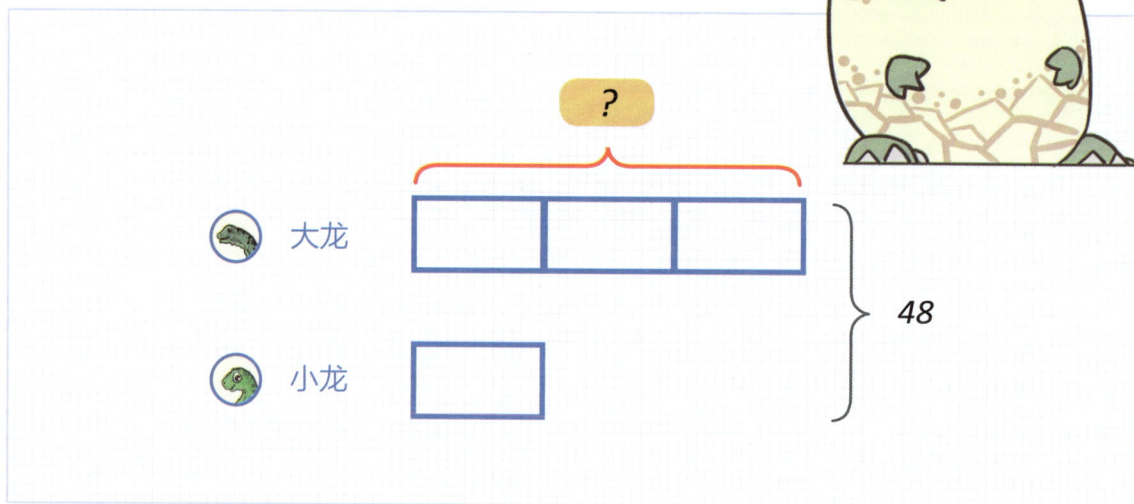

我们可以根据图形，写出已知量和未知量。

☑ 已知量：大龙和小龙产蛋的总数是 48 个，大龙产蛋的数量是小龙产蛋数量的 3 倍

☑ 未知量：大龙产蛋的数量

我们在《图解数学思维训练课：建立孩子的数学模型思维（乘法与除法应用训练课）》中已经学习过，大龙和小龙一共对应 4 个方框，一共是 48 个蛋，所以 1 个方框代表的数量是：

$$48 ÷ 4 = 12（个）$$

而大龙对应 3 个方框，所以：

$$12 × 3 = 36（个）$$

答：大龙产了 36 个蛋。

如果再问个问题，大龙产的蛋比小龙多了多少个？

其实也很简单了，大龙比小龙多了多少个方框呢？

答案是 2 个！

所以，列出算式：

$$12 × 2 = 24（个）$$

答：大龙产的蛋比小龙产的蛋多了 24 个。

小 贴 士

这种类型的题目被称为 "和倍" 问题，意思是知道两个数的和与倍数关系，可以求出这两个数分别是多少。

⑤ 混合运算

前面学习的是两步加减或者两步乘除问题，还比较简单，只要画好图然后一步一步去算就行了。

接下来呢，让我们提高点难度吧！

①

> 弯龙和剑龙经常生活在一起，它们会共同抵抗敌人的进攻。
> 有一群弯龙和剑龙，一共有 15 只，弯龙比剑龙多 7 只。
> 请问弯龙有多少只？

这道题目有点奇怪，以前好像没见过。你是不是有种感觉，题目读完，却好像不知道该如何下手？

别急，我有方法，咱们还是先来画图。

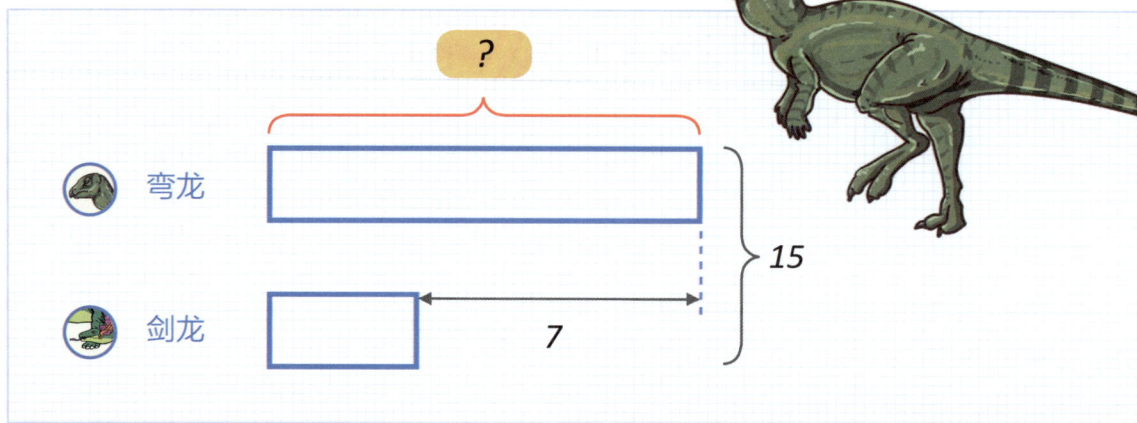

?

弯龙

剑龙

15

7

我们可以根据图形，写出已知量和未知量。

☑ 已知量：弯龙和剑龙一共 15 只，弯龙比剑龙多 7 只

☑ 未知量：弯龙的数量

我们仔细地看上一页的图，弯龙比剑龙多了 7 只。

那么如果再增加 7 只剑龙会怎么样呢？

那我们的图就会变成这样：

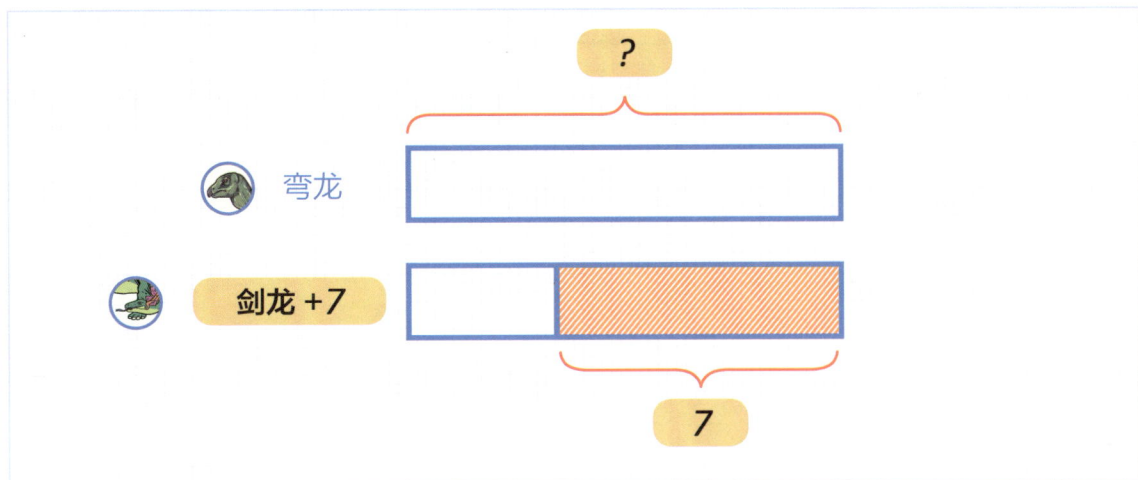

图上的阴影部分，代表了增加的 7 只剑龙，也就是弯龙比剑龙多出来的部分，数量是 7 只。

这个时候弯龙和剑龙加起来是多少只呢？肯定不是 15 只了，因为剑龙增加了 7 只。

是不是应该在原来的总数 15 只上再加上 7 只呢？

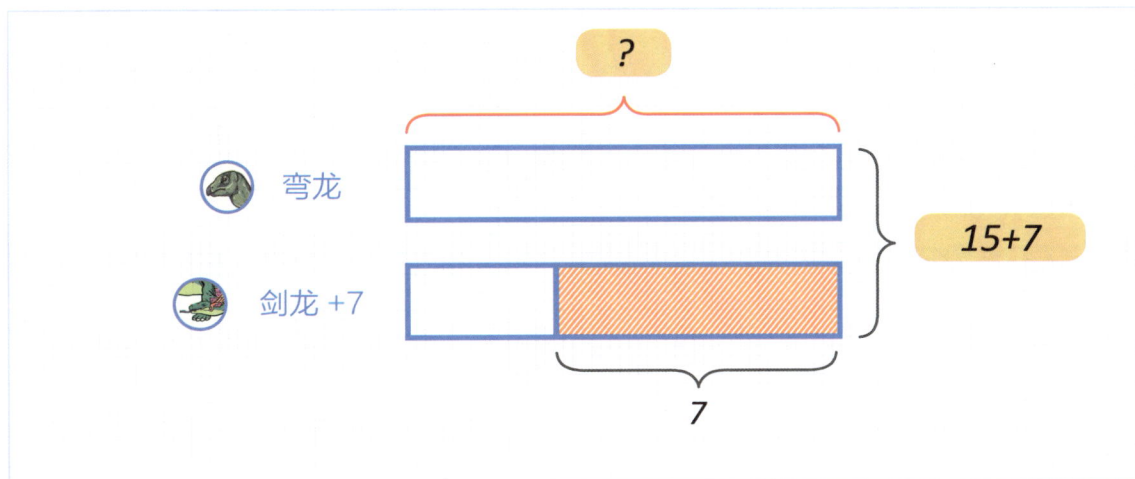

所以我们可以这样写：

$$15 + 7 = 22（只）$$

那么图形就变成了：

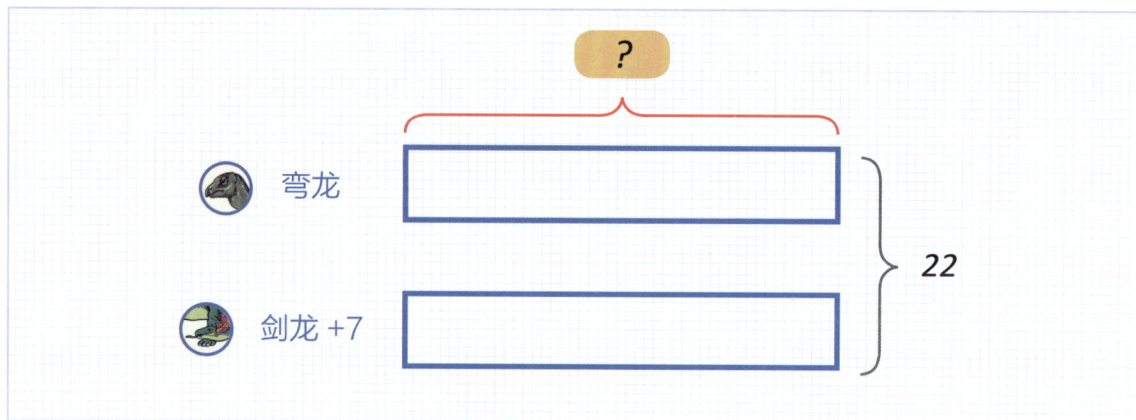

从上图可以看出来，两个方框长短是一样的，而它们相加等于 22。

那么一个方框代表多少只呢？

这就很简单啦，只要用除法就能算出来了：

$$22 ÷ 2 = 11（只）$$

而弯龙的数量就是用一个方框代表的，因此弯龙是 11 只。

这就是使用画图方法的好处，这么难的题目一下子就做出来了，你理解了吗？

上面这么多步骤讲的都是思考的过程。

其实在解题的时候，只需要画出下面的图形，然后在脑海中完成上面的过程就行啦。

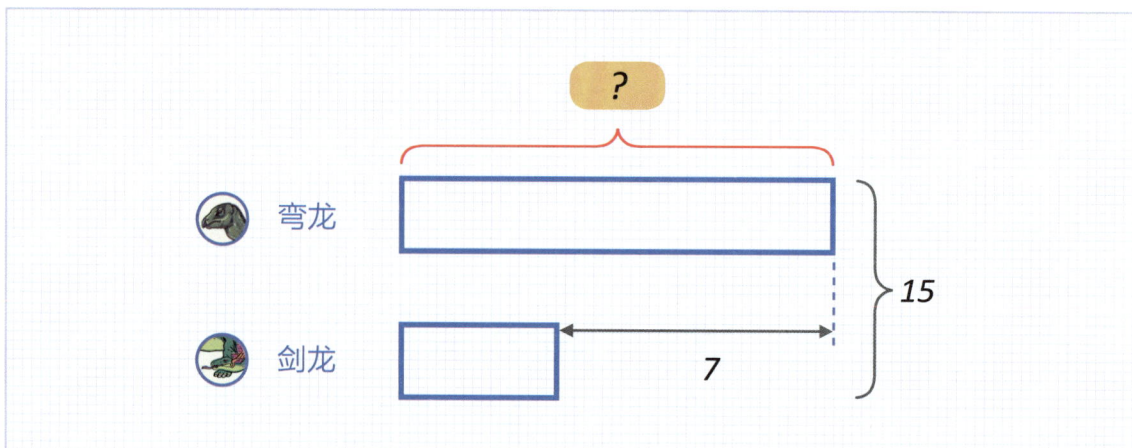

画图后可以直接列出算式：

$$15 + 7 = 22（只）$$

$$22 ÷ 2 = 11（只）$$

答：弯龙有 11 只。

同样还是这道题目，如果我们把问题变一下：请问剑龙有多少只呢？

其实聪明的你已经想到了，弯龙比剑龙多 7 只，因此可以列出下面的算式计算剑龙的数量：

$$11 - 7 = 4（只）$$

答：剑龙有 4 只。

② 上面的解法是不是很巧妙啊？不过，你先别激动，因为我还有另外一个绝招要教给你。

还是同样的题目：

问：剑龙有多少只？

先画图：

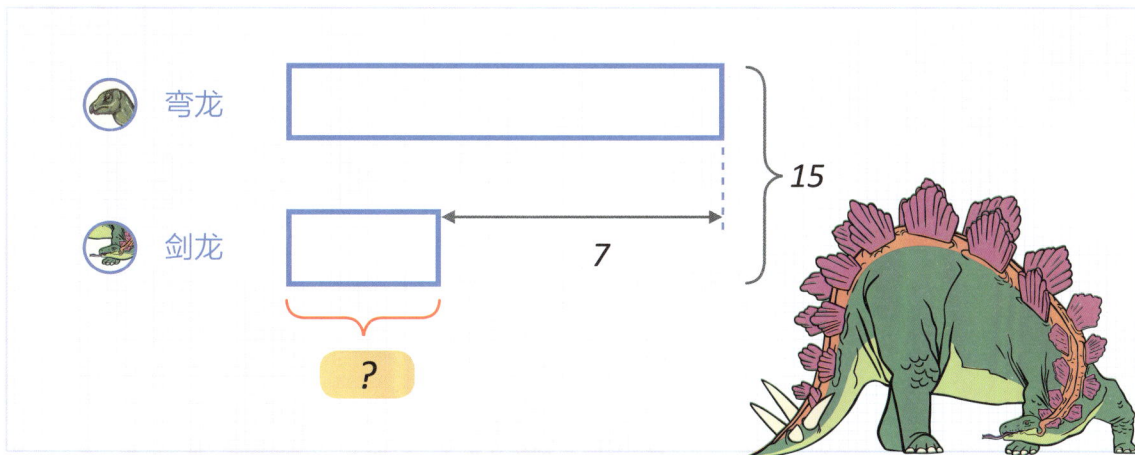

我们可以根据图形，写出已知量和未知量。

☑ 已知量：弯龙和剑龙一共 15 只，弯龙比剑龙多 7 只

☑ 未知量：剑龙的数量

我们仔细观察图形，剑龙比弯龙少了 7 只。如果减少 7 只弯龙会怎么样呢？

我们来看图：

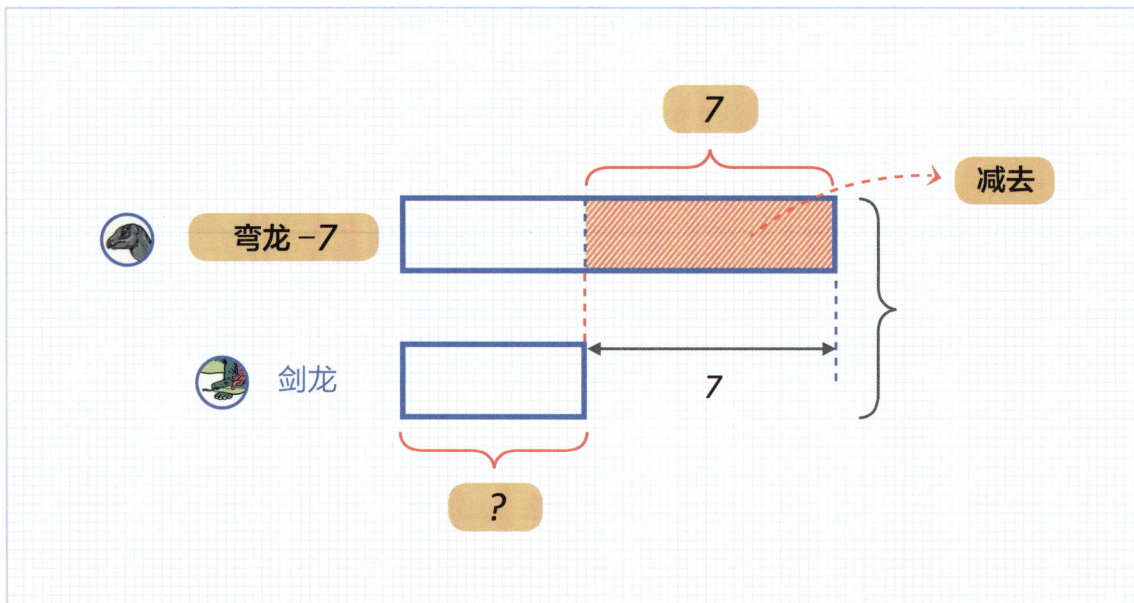

图上的阴影部分相当于我们减去的 7 只弯龙，也就是剑龙比弯龙少的那一部分，数量是 7 只。被减去之后，这个时候弯龙和剑龙加起来是多少只呢？肯定不是 15 只了，因为弯龙少了 7 只。是不是应该在原来总数 15 只的基础上再减去 7 只呢？

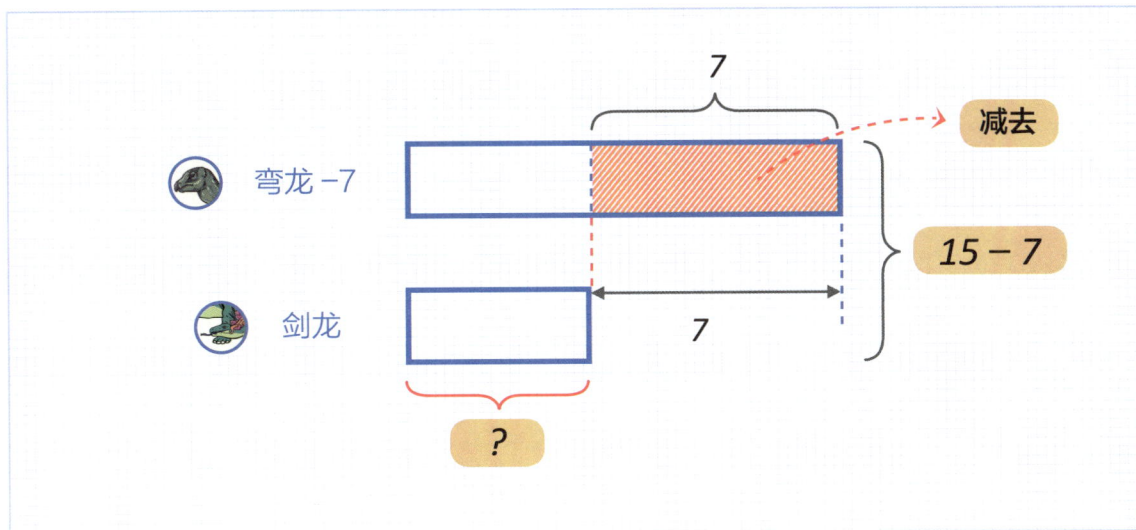

所以列出算式如下：

$$15 - 7 = 8\,(只)$$

那么图形就变成了：

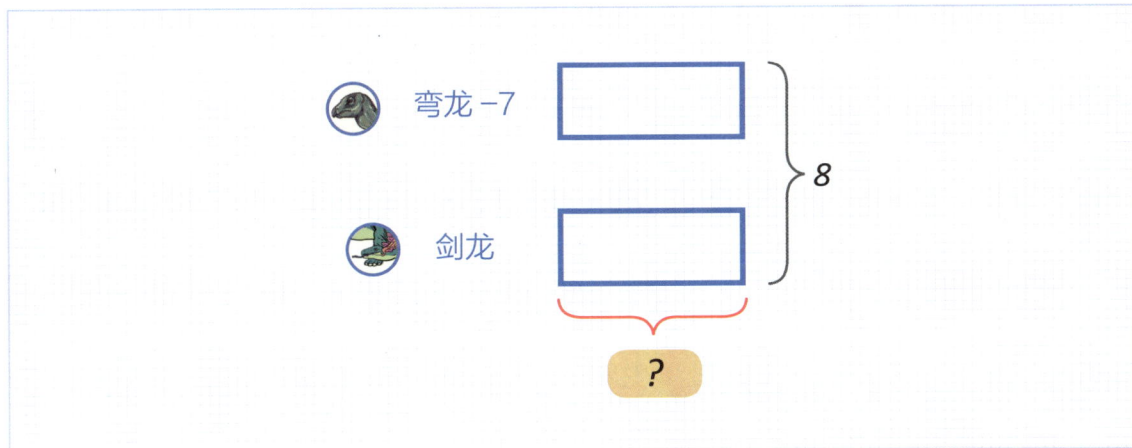

从上图可以看出来，两个方框大小一样，而它们相加等于 8。那么一个方框代表多少只呢？这就简单啦，可以用除法来计算：

$$8 \div 2 = 4\,(只)$$

而剑龙的数量就是一个方框代表的数量，因此剑龙的数量是 4 只。

当然，我们也可以根据剑龙的数量算出弯龙的数量，因为弯龙比剑龙多 7 只。也就是：

$$4 + 7 = 11（只）$$

上面就是解答这种问题的另外一个方法，你理解了吗？

其实在解题过程中，只需要画出下面的图形就行啦。

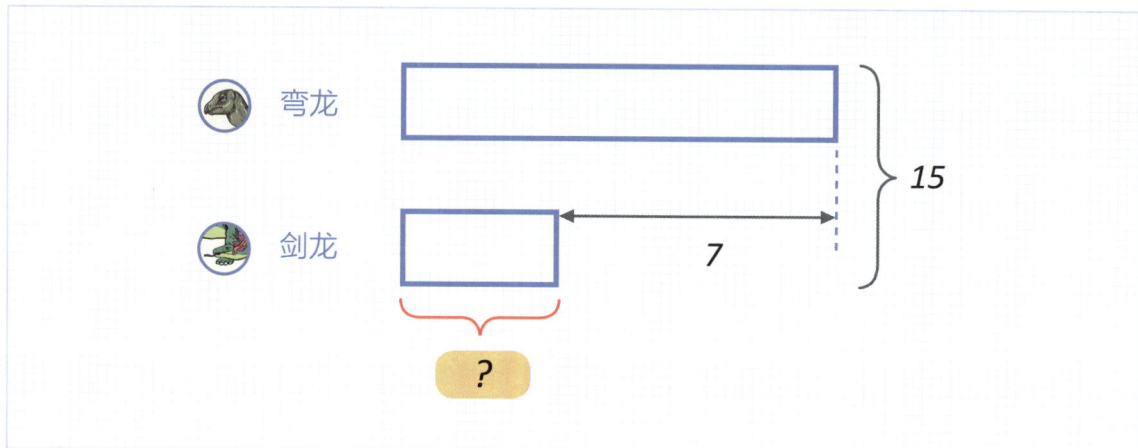

画图后可以直接列出算式：

$$15 - 7 = 8（只）$$

$$8 ÷ 2 = 4（只）$$

答：剑龙有 4 只。

最后总结一下啊，我们上面讲了两种方法，一种是增加剑龙的数量，另一种是减少弯龙的数量，但是得到的结果都是一样的。

小 贴 士

对于这种类型的题目，我们就叫它 "和差" 问题，意思是已知两个数的和与差，求这两个数各是多少。

怎么样，你们都会了吗？

思维训练

1. 果园里有 22 棵桃树，苹果树比桃树少 8 棵。请问果园里一共有多少棵果树？请用画图方法解答。

2. 果园里有 14 棵苹果树，苹果树比桃树少 8 棵。请问果园里一共有多少棵果树？请用画图方法解答。

3. 果园里的桃树和苹果树一共有 36 棵，其中桃树 22 棵，请问桃树比苹果树多了多少棵？请用画图方法解答。

4. "春江水暖鸭先知"，在碧波荡漾的湖面上有 40 只白色的鸭子在游泳，白色鸭子的数量是黑色鸭子的 8 倍，请问白色鸭子比黑色鸭子多了多少只？请用画图方法解答。

5. 仔细观察下面的图：

① 请设计一道应用题，写在下面的方框内，也可以讲给爸爸妈妈听，看看他们能做出来吗？

② 为这道题写出已知量和未知量：

☑ 已知量：

☑ 未知量：

③ 根据图列出算式：

答：

6. 仔细观察下面的图：

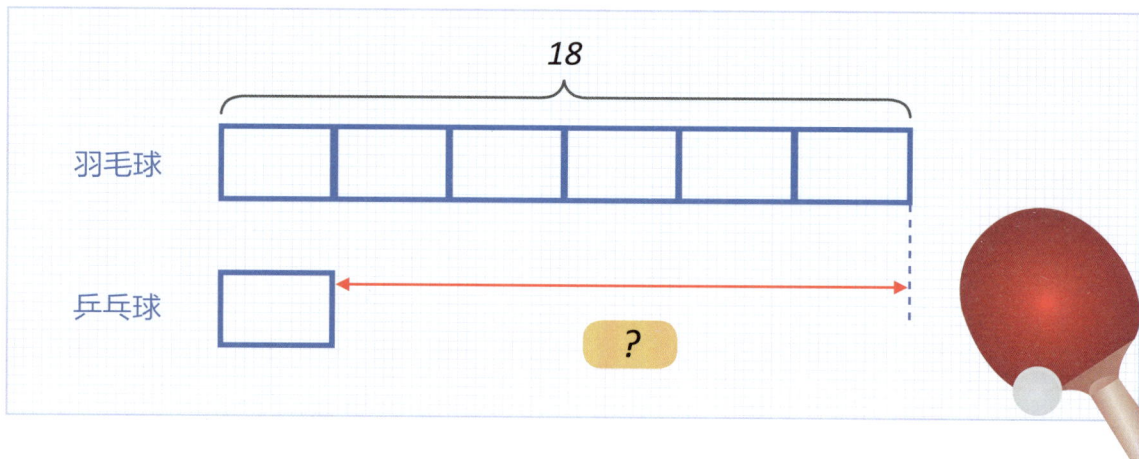

18

羽毛球

乒乓球

?

1 请设计一道应用题，写在下面的方框内，也可以讲给爸爸妈妈听，看看他们能做出来吗？

2 为这道题写出已知量和未知量：

☑ 已知量：

☑ 未知量：

3 根据图列出算式：

答：

7. 小雪和小佳都很喜欢阅读，去年小雪比小佳多看了18本书，小雪看的书是小佳的4倍。请问小雪看了多少本书？请用画图方法解答。

8. 一群小朋友一起去游乐园玩。玩旋转木马的比玩过山车的多了21人，玩旋转木马的是玩过山车的8倍。请问一共有多少小朋友去游乐园玩？请用画图方法解答。

9. 仔细观察下面的图：

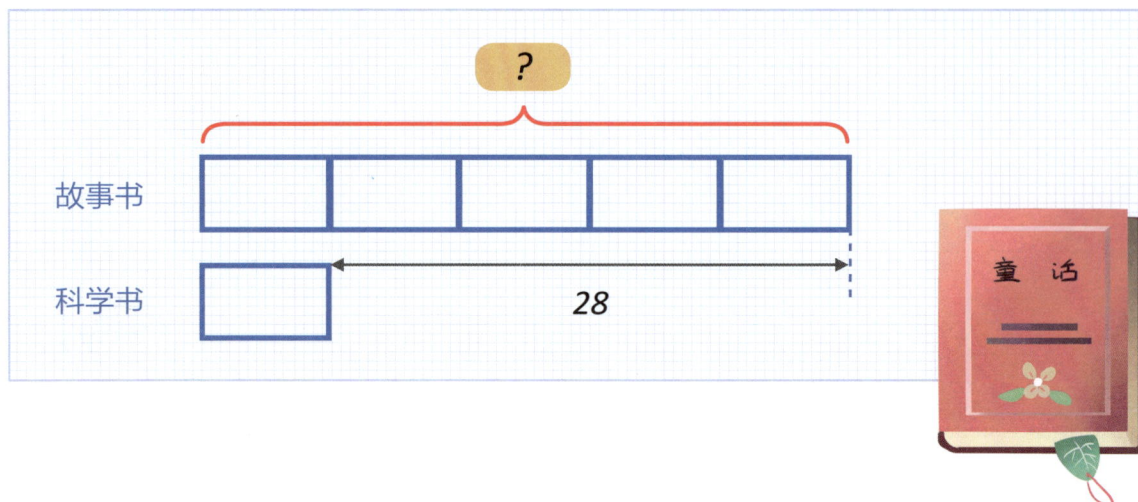

1 请设计一道应用题，写在下面的方框内，也可以讲给爸爸妈妈听，看看他们能做出来吗？

2 为这道题写出已知量和未知量：

☑ 已知量：

☑ 未知量：

3 根据图列出算式：

答：

10. 仔细观察下面的图：

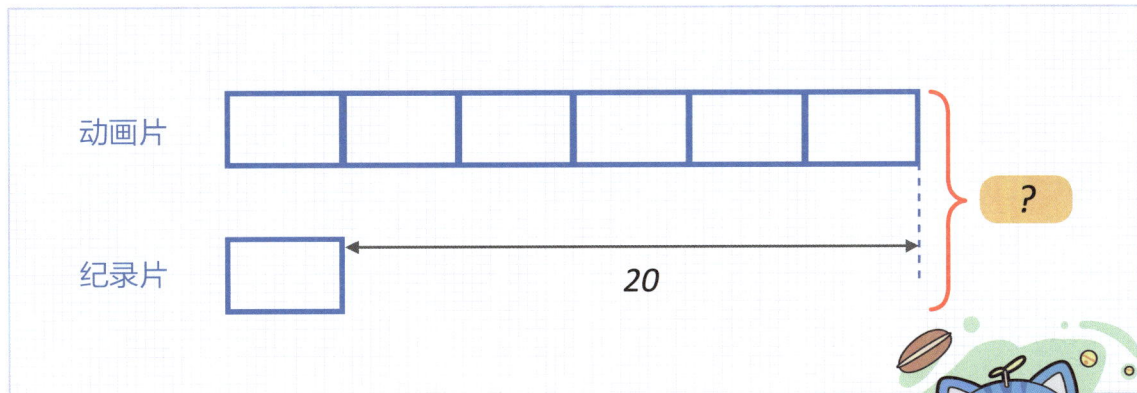

1 请设计一道应用题，写在下面的方框内，也可以讲给爸爸妈妈听，看看他们能做出来吗？

2 为这道题写出已知量和未知量：

☑ 已知量：

☑ 未知量：

3 根据图列出算式：

答：

11.　"春江水暖鸭先知"，在碧波荡漾的湖面上有 40 只白色的鸭子在游泳，白色鸭子的数量是黑色鸭子的 8 倍，请问湖面上一共有多少只鸭子？请用画图方法解答。

☆ 12.　小雪和小佳都很喜欢阅读，去年他们一共看了 36 本书，小雪看的书是小佳的 5 倍，请问小雪看了多少本书？请用画图方法解答。

☆ 13. 仔细观察下面的图：

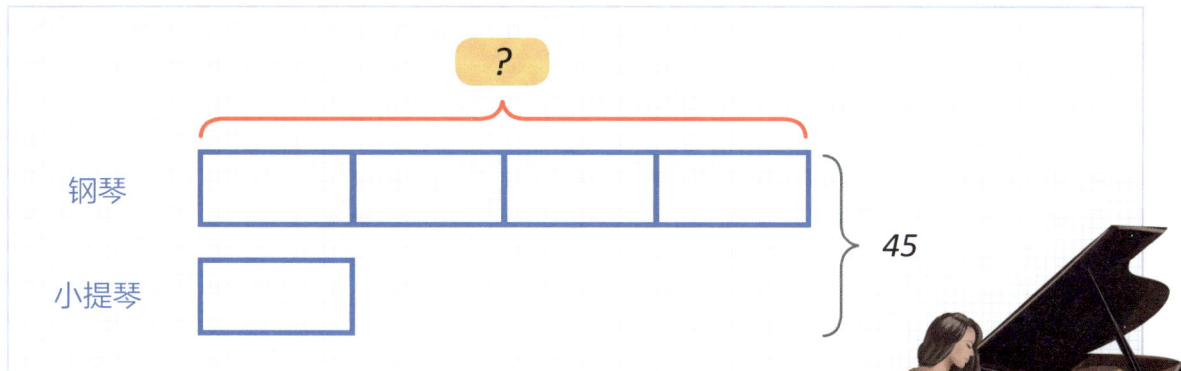

1 请设计一道应用题，写在下面的方框内，也可以讲给爸爸妈妈听，看看他们能做出来吗？

2 为这道题写出已知量和未知量：

☑ 已知量：

☑ 未知量：

3 根据图列出算式：

答:

☆ 14. 仔细观察下面的图：

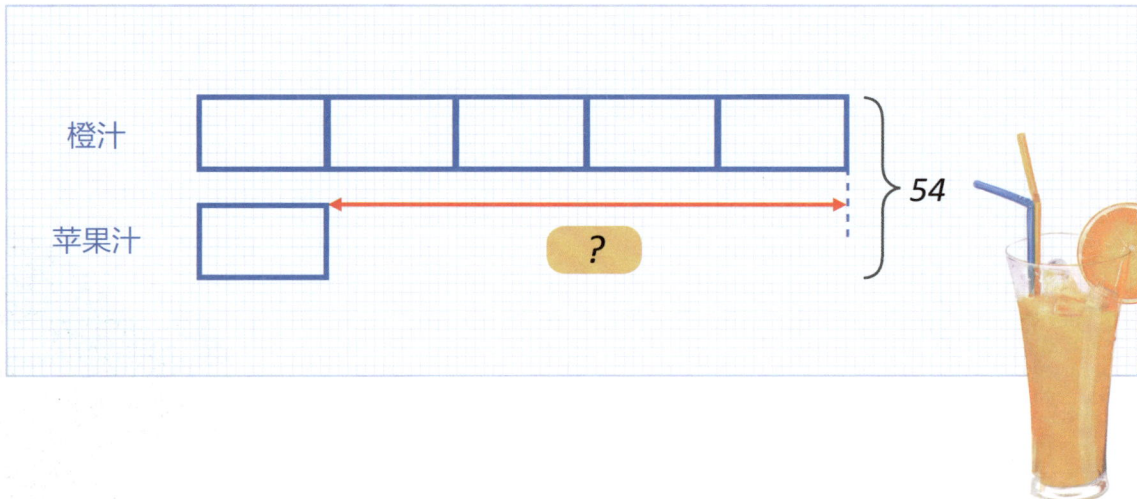

橙汁

苹果汁

?

54

1 请设计一道应用题，写在下面的方框内，也可以讲给爸爸妈妈听，看看他们能做出来吗？

2 为这道题写出已知量和未知量：

☑ 已知量：

☑ 未知量：

3 根据图列出算式：

答：

☆☆ 15. 体育课上，小凡和小乐练习跳绳，她们一共跳了 131 个，小凡比小乐多跳了 27 个，请问小凡跳了多少个？请用画图方法解答。

☆ 16. 小雪和小佳都很喜欢阅读，去年他们一共看了 36 本书，小雪看的书是小佳的 5 倍，请问小雪比小佳多看了多少本书？请用画图方法解答。

☆☆ 17. 仔细观察下面的图：

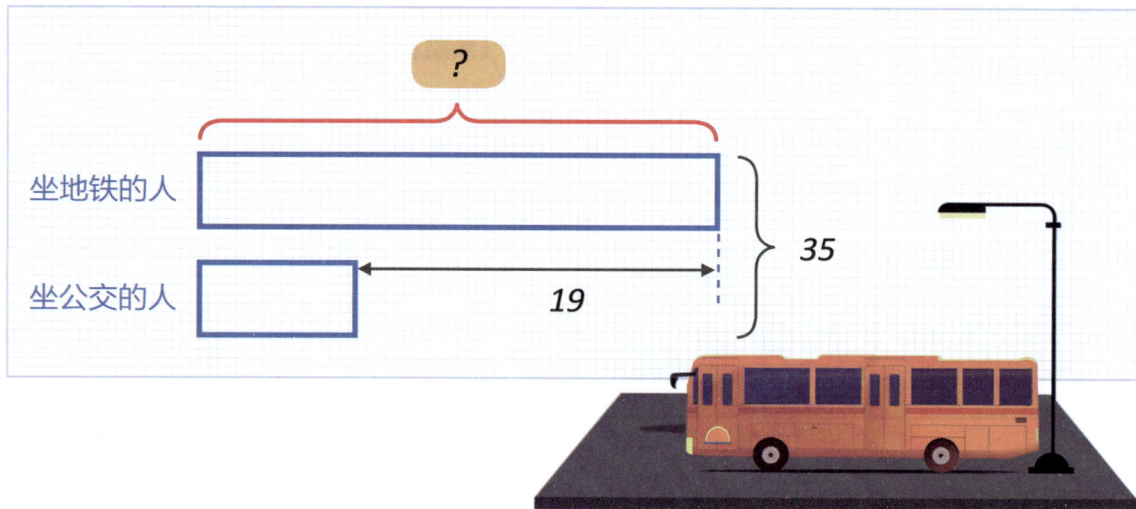

① 请设计一道应用题，写在下面的方框内，也可以讲给爸爸妈妈听，看看他们能做出来吗？

② 为这道题写出已知量和未知量：

☑ 已知量：

☑ 未知量：

③ 根据图列出算式：

答：

☆ ☆ 18. 仔细观察下面的图：

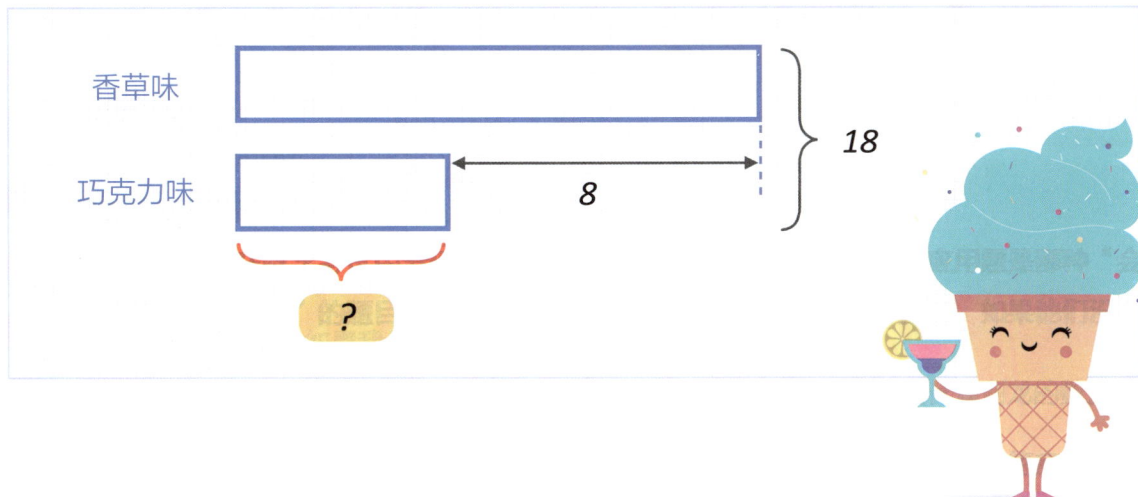

| 香草味 | |
| 巧克力味 | |

18

8

?

① 请设计一道应用题，写在下面的方框内，也可以讲给爸爸妈妈听，看看他们能做出来吗？

② 为这道题写出已知量和未知量：

☑ 已知量：

☑ 未知量：

③ 根据图列出算式：

答：

☆ ☆ 19. 仔细观察下面的图：

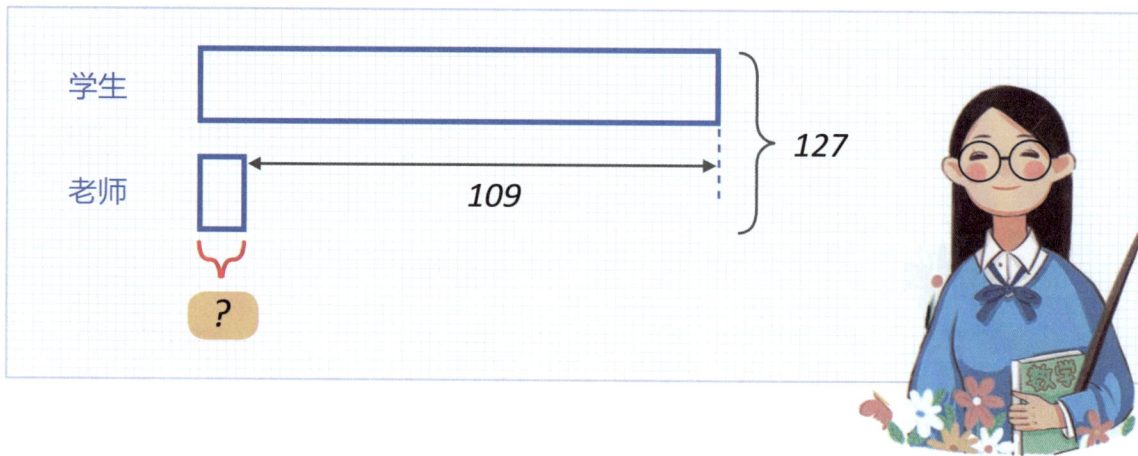

学生

老师

127

109

?

① 请设计一道应用题，写在下面的方框内，也可以讲给爸爸妈妈听，看看他们能做出来吗？

② 为这道题写出已知量和未知量：

☑ 已知量：

☑ 未知量：

③ 根据图列出算式：

答：

☆☆ 20. 体育课上，小凡和小乐练习跳绳，她们一共跳了 131 个，小乐比小凡少跳了 27 个。小乐跳了多少个？请用画图方法解答。

英语小拓展

这里有一份关于多步计算应用题的关键词的中英文对照表。

☑ 两步应用题：*two-step word problem*

☑ 多步应用题：*multiple-step word problem*

☑ 一共：*altogether*

☑ 比……多：*more than*

Please solve the following word problems.

Word Problem 1：

There are 54 ducks and cows on a farm.

The number of ducks is 5 times the number of cows.

Find the number of ducks and the number of cows on the farm.

Word Problem 2：

Alice and Mary have 28 books altogether.

Alice has 8 more books than Mary.

How many books does each of them have?

第 2 章

配视频课程

多步计算

（二）

本章知识点相关视频课程：

请扫码选择本章对应的视频课程观看

知识点学习

上一章我们学习了两步计算，现在我们要升级一下了，你敢不敢接受挑战呢？

小朋友们知道澳大利亚吗？这个国家因为长期与欧亚大陆隔绝，因此那里有很多奇特的动物，比如袋鼠、树袋熊、鹤鸵等。

1 挑战 1 级难度

请扫码选择
第 12 节视频课程观看

① 袋鼠是澳大利亚最有名的动物，袋鼠妈妈都会有一个育儿袋，而小袋鼠会在袋子里面长大。

袋鼠喜欢吃各种植物。

在一片草地上，有一群袋鼠妈妈带着小袋鼠在吃草，它们一共有 28 只。

小袋鼠的数量是袋鼠妈妈的 3 倍还**多** 4 只。

请问草地上有多少只小袋鼠呢？

细心的小朋友可以看到，这里面有几个关键字：3 倍"还多 4 只"，而不是正好 3 倍。

所以，我们画图的时候就需要注意了，要把多出来的 4 只表示出来。

可以这样来画：

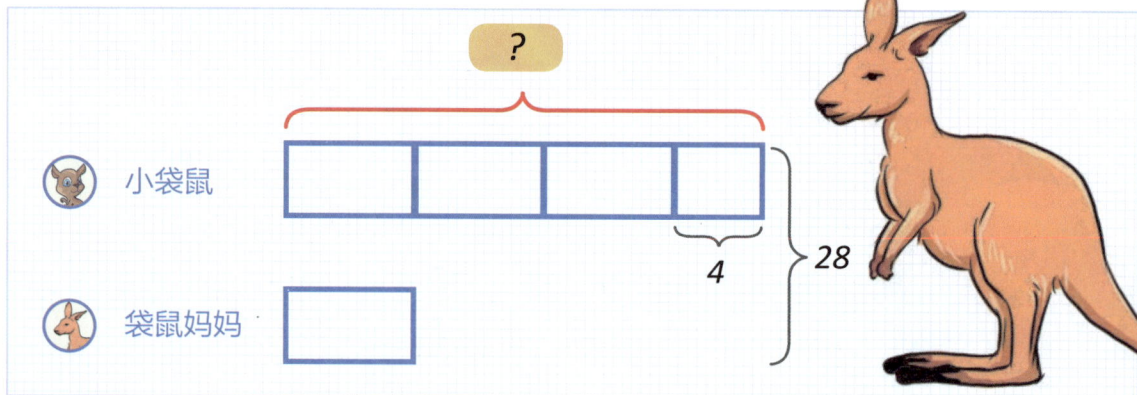

?

小袋鼠

4 28

袋鼠妈妈

我们可以根据图形，写出已知量和未知量。

☑ 已知量：袋鼠妈妈和小袋鼠一共 28 只，小袋鼠的数量是袋鼠妈妈的 3 倍还多 4 只

☑ 未知量：小袋鼠的数量

这里的关键就是"多 4 只"，如果没有这 4 只，我们就可以用前面学习的"和倍"问题的解题思路来解决。

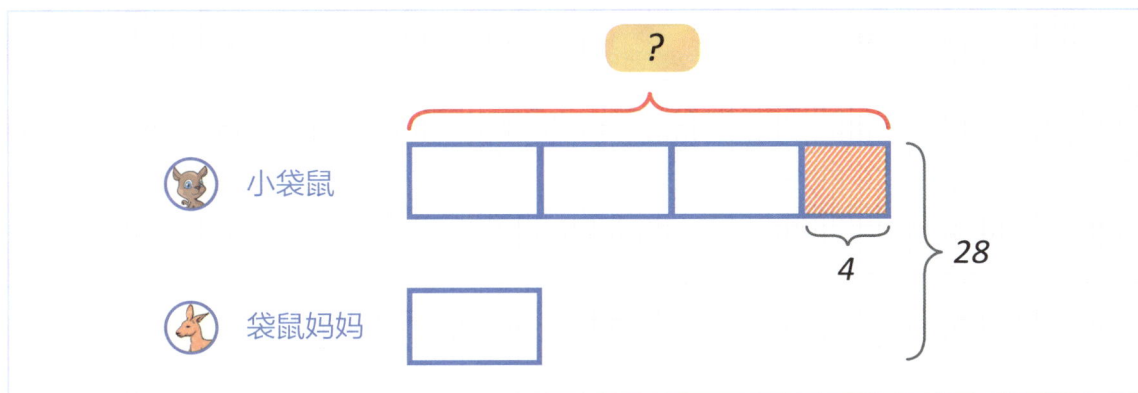

?

小袋鼠

袋鼠妈妈

4

28

现在我们需要把这 4 只先减去，图形就变成了下面这样：

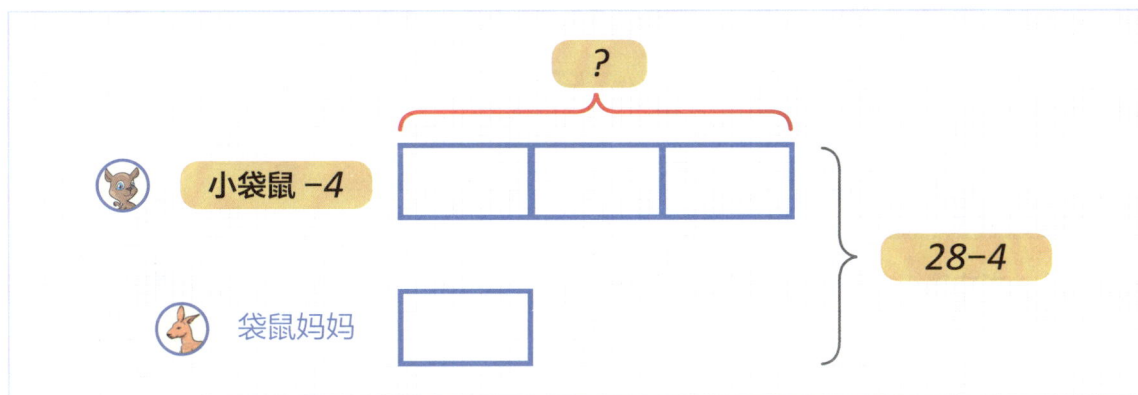

?

小袋鼠 −4

袋鼠妈妈

28−4

那么，上图中的单个方框代表的数量，我们可以列出算式来计算：

$$28 - 4 = 24（只）$$

$$24 \div 4 = 6（只）$$

接下来，小袋鼠的数量其实是 3 个方框代表的数量再加上多出来的 4 只：

$$6 \times 3 = 18（只）$$

$$18 + 4 = 22（只）$$

因此，草地上有 22 只小袋鼠。

而袋鼠妈妈有多少只呢？

很显然是 6 只!

答：草地上有 22 只小袋鼠。

2 再看这道题的一个变形：

> 过了一会儿，又有一群袋鼠妈妈带着孩子来到了这片草地，这时候草地上一共有 42 只袋鼠，小袋鼠的数量比袋鼠妈妈的 4 倍**少** 3 只。
>
> 请问这时候草地上有多少只小袋鼠？

细心的小朋友可以看到，这里面有几个关键字：4 倍"少 3 只"，而不是正好 4 倍。与上一题相比，"多"变成了"少"!

所以，我们画图的时候就需要注意了，要把"少 3 只"表示出来。

可以这样来画，用虚线来表示"少 3 只"，意思是总数量不包含这 3 只。

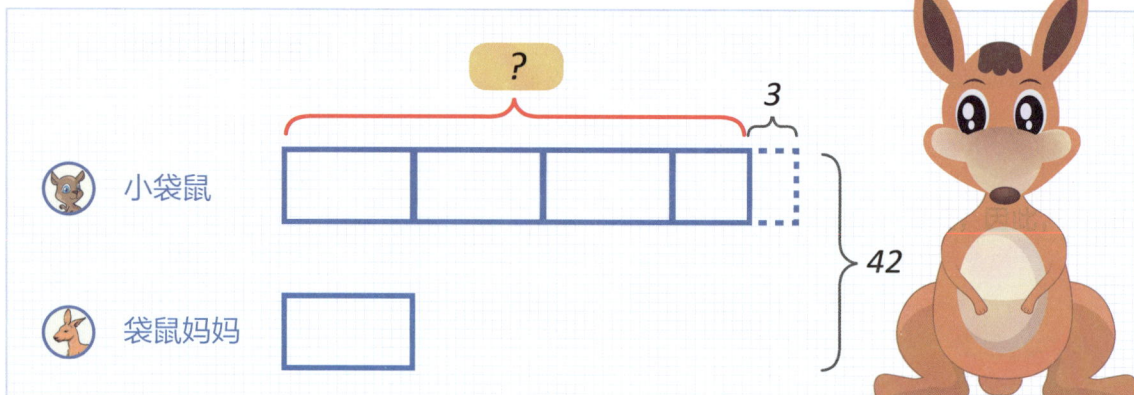

这里的关键就是**"少 3 只"**，如果加上这 3 只小袋鼠，我们就可以用前面学习的"和倍"问题的解题思路来解决。

因此我们把这 3 只先加上去，然后，图形就变成了下面这样：

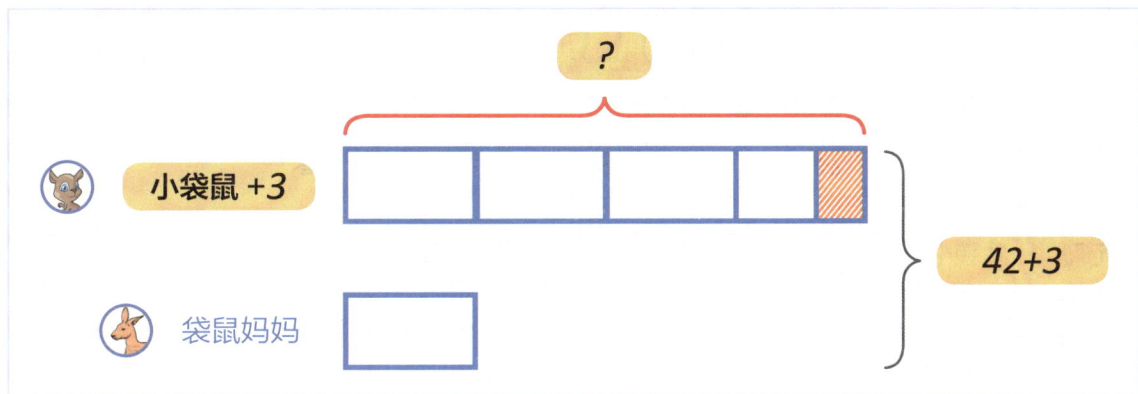

所以，1 个方框可以列式算出来：

$$42 + 3 = 45 （只）$$

$$45 ÷ 5 = 9 （只）$$

接下来，小袋鼠的数量其实是 4 个方框代表的数量再减去 3 只：

$$9 × 4 = 36 （只）$$

$$36 - 3 = 33 （只）$$

因此，草地上有 33 只小袋鼠。

而袋鼠妈妈有多少呢？

自然是 9 只!

答：草地上有 33 只小袋鼠。

② 挑战 2 级难度

请扫码选择
第 13 节视频课程观看

学到这里，小朋友们有没有觉得有些疑惑呢？如果你都能理解的话，那么恭喜你，我们要挑战高难度模式了。

如果暂时还没能完全搞懂，也没有关系，多看几遍，你一定可以学会的。

1 下面，我来出一个难一点的题目，考考你们：

> 虎皮鹦鹉也是原产于澳大利亚的鸟类，它颜色鲜艳，顽皮可爱，很受欢迎。
>
> 树林里有一棵小树和一棵大树，一群虎皮鹦鹉在树上休息。
>
> 小树上的鹦鹉和大树上的一样多。
>
> 这时候，3 只鹦鹉从小树上飞到大树上。
>
> 那么此时大树上的鹦鹉比小树上的多多少只？

我们先来理解题目的意思，写出已知量和未知量。

☑ 已知量：原来小树上的鹦鹉和大树上的一样多，后来有 3 只鹦鹉从小树飞到大树上

☑ 未知量：此时大树上的鹦鹉比小树上的多多少只

一开始，小树和大树上的鹦鹉是一样多的，可以这样来画图：

🌳 大树　[　　　　　]

🌱 小树　[　　　　　]

虽然不知道鹦鹉具体是多少只，但是没有关系，只要方框的长度一样就行了。

3 只鹦鹉从小树飞到大树上之后，就变成下面这样了，小树上减去了 3 只鹦鹉，大树那里多了 3 只鹦鹉：

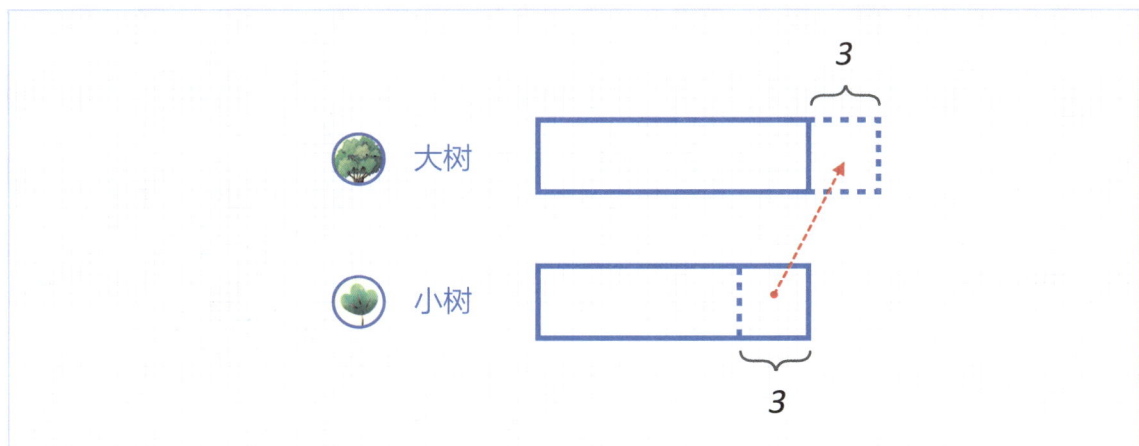

所以，此时大树上比小树上多多少只鹦鹉呢？

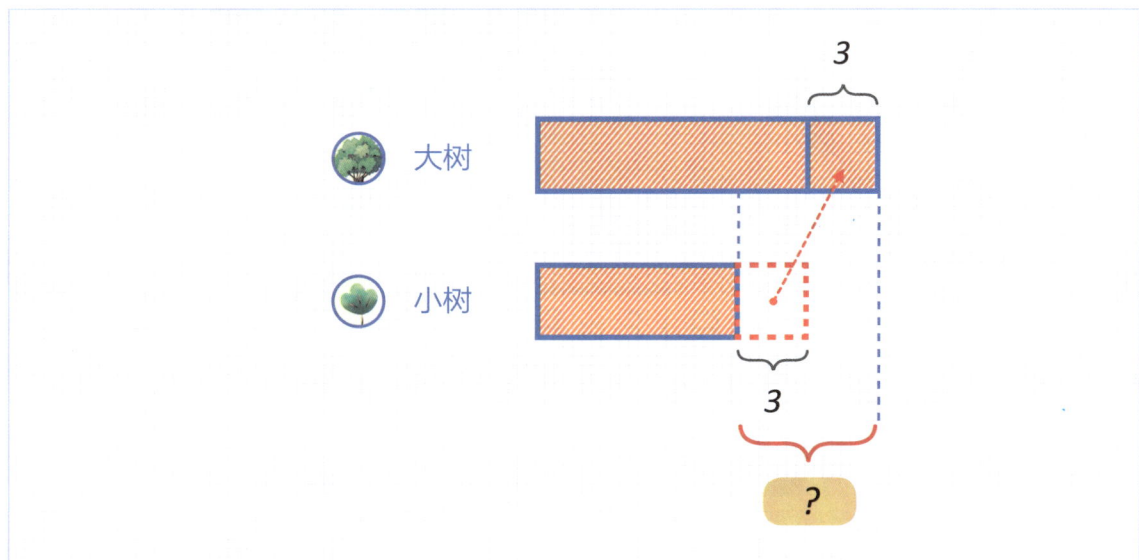

看图就一目了然了：

$$3 + 3 = 6（只）$$

答：此时大树上的鹦鹉比小树上的多 6 只。

2

过了一段时间，又飞来了几只鹦鹉。
现在大树上有 28 只鹦鹉，小树上有 12 只鹦鹉。
请问，需要多少只鹦鹉从大树飞到小树上，才可以使得两棵树上的鹦鹉一样多呢？

我们先来理解题目的意思，写出已知量和未知量。

☑ 已知量：原来大树上有 28 只鹦鹉，小树上有 12 只鹦鹉

☑ 未知量：需要多少只鹦鹉从大树飞到小树上，后来两棵树上的鹦鹉一样多

一开始，树上的鹦鹉数量是已知的：

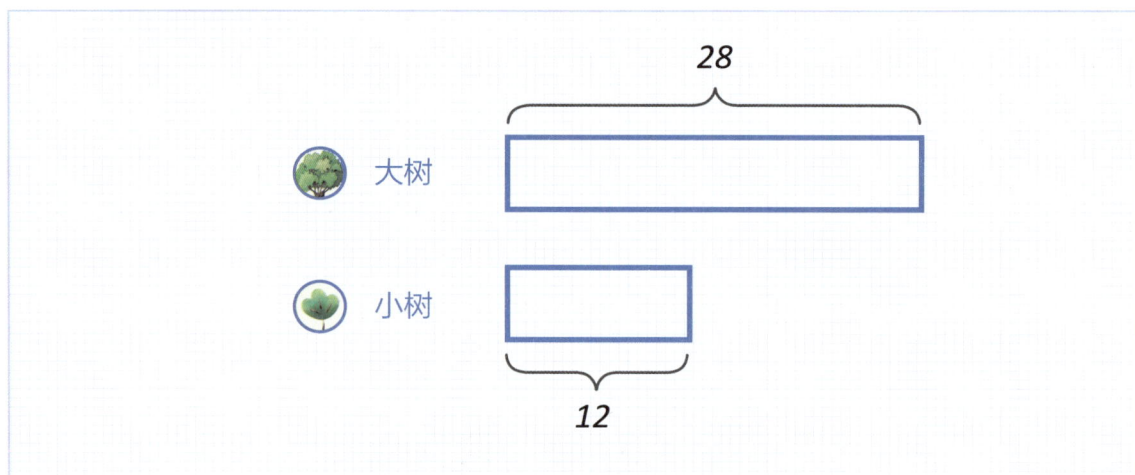

28

🌳 大树

🌲 小树

12

如果要让大树上和小树上的鹦鹉数量一样多，那肯定需要有一些鹦鹉从大树飞到小树上去。那到底需要几只鹦鹉飞过去呢？

别急，我们还是画图来表示。

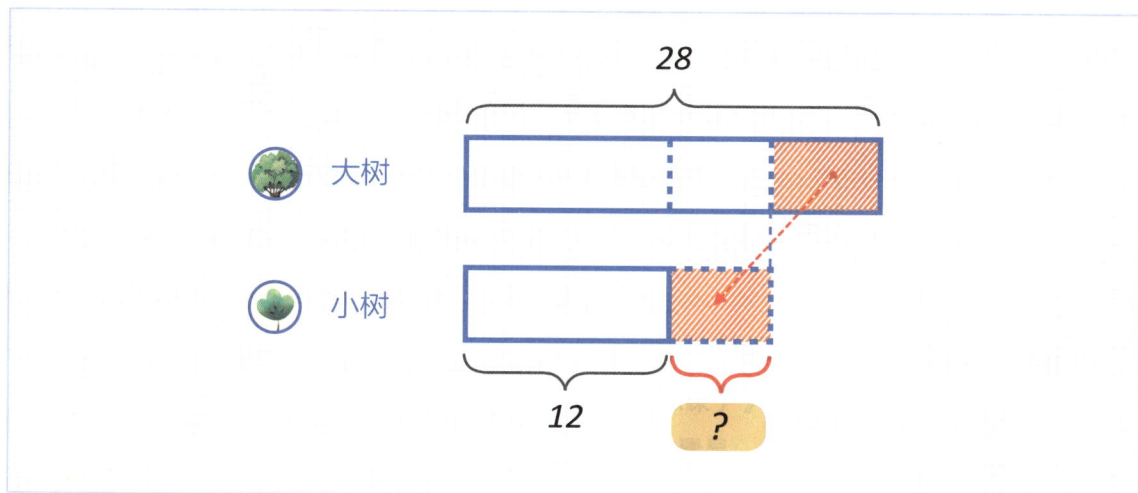

橙色阴影部分从上面挪到了下面，这样上下就一样长了。那到底是挪了多少只过来呢？

在解决这个问题之前，先看看下图中问号标出的这一部分对应的是多少只呢？

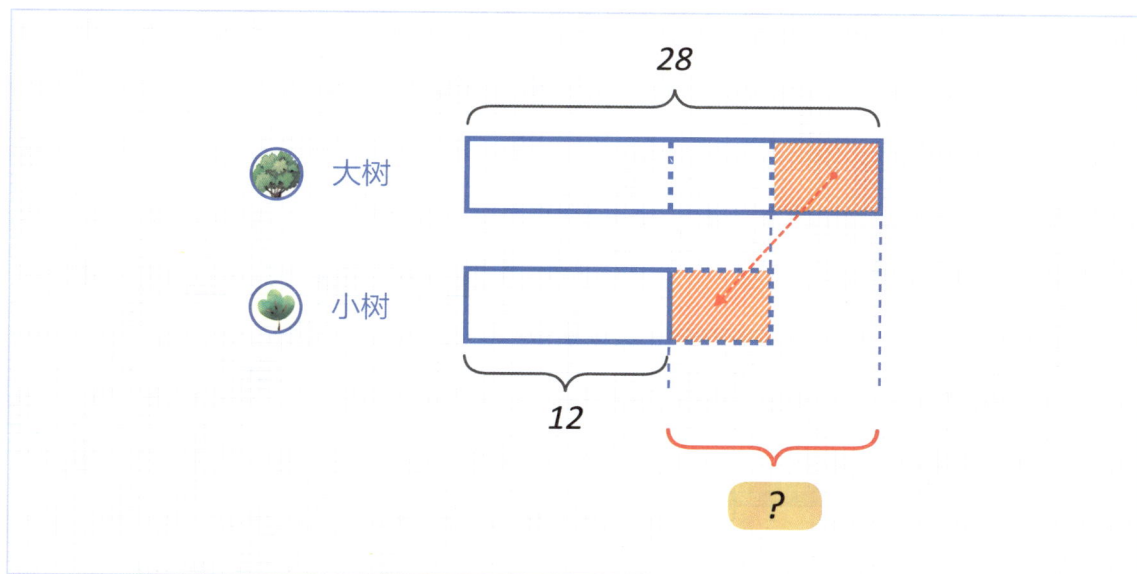

仔细观察一下，可以列出算式：

$$28 - 12 = 16（只）$$

那这个值和阴影部分是什么关系呢？

是不是两个阴影部分代表的数量加起来就等于 16 只呀？

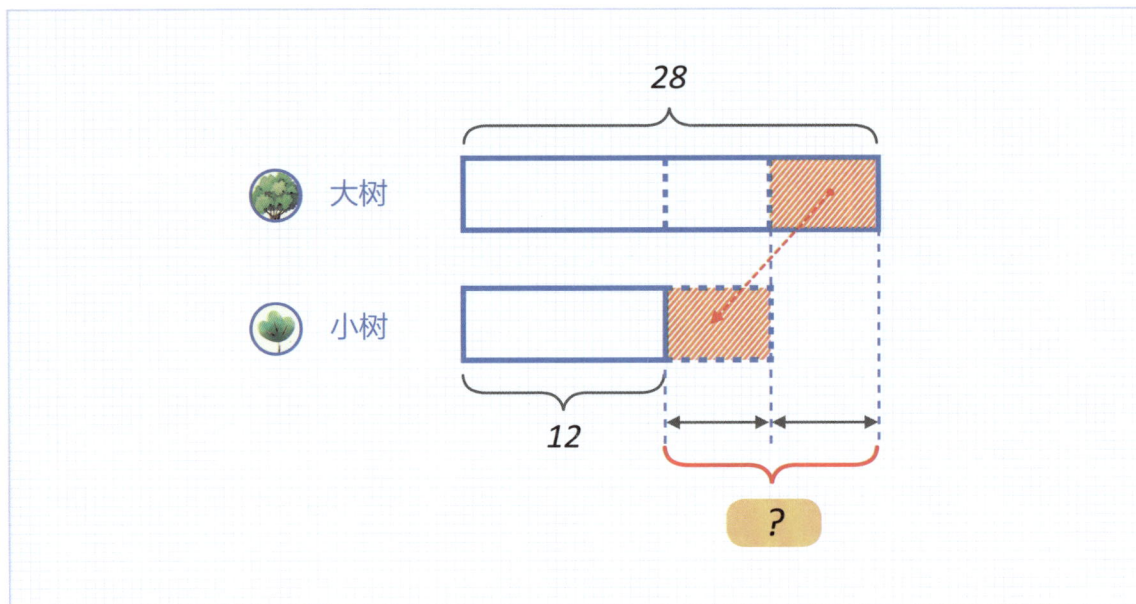

两个阴影部分一样长，因此一个阴影部分就代表：

$$16 \div 2 = 8（只）$$

答：需要 8 只鹦鹉从大树飞到小树上，才可以使得两棵树上的鹦鹉一样多。

③

不断有鹦鹉飞过来，树上的鹦鹉也越来越多了。现在大树上有 80 只鹦鹉，小树上有 40 只鹦鹉。请问多少只鹦鹉从小树飞到大树上，才可以使得大树上的鹦鹉数量是小树上的 3 倍呢？

我们先来读懂题目的意思，写出已知量和未知量。

☑ 已知量：原来大树上有 80 只鹦鹉，小树上有 40 只鹦鹉

☑ 未知量：需要多少只鹦鹉从小树飞到大树上，然后大树上的鹦鹉数量是小树上的 3 倍

先画图：

大树
小树

80

40

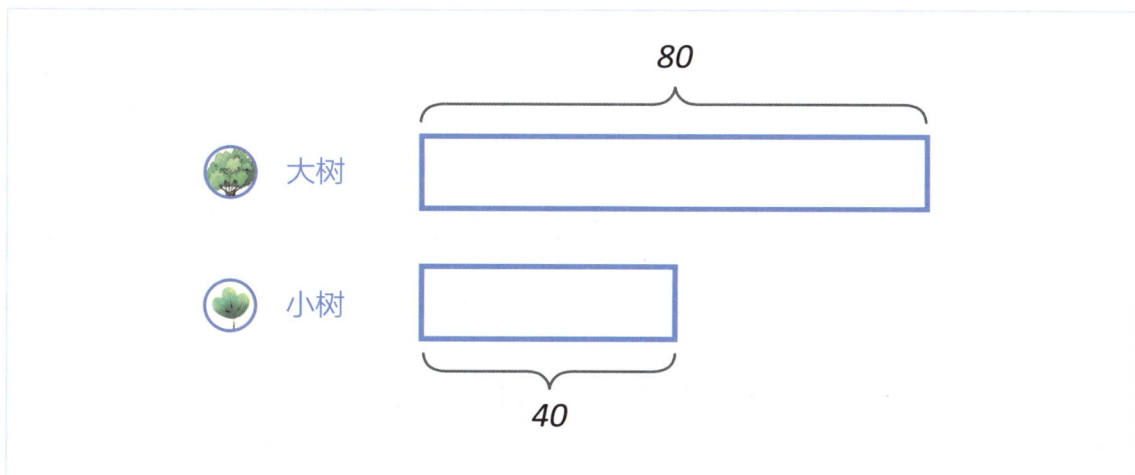

假设有一些鹦鹉从小树飞到大树上：

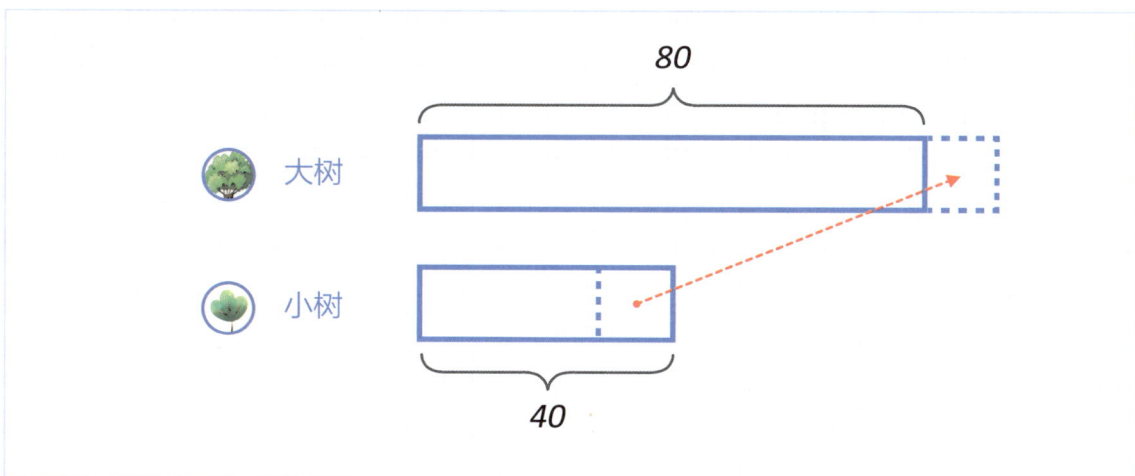

大树
小树

80

40

此时大树上的鹦鹉是小树上的 3 倍，就像下面这样来画图，图中上半部分的阴影部分是图中下半部分的阴影部分的 3 倍：

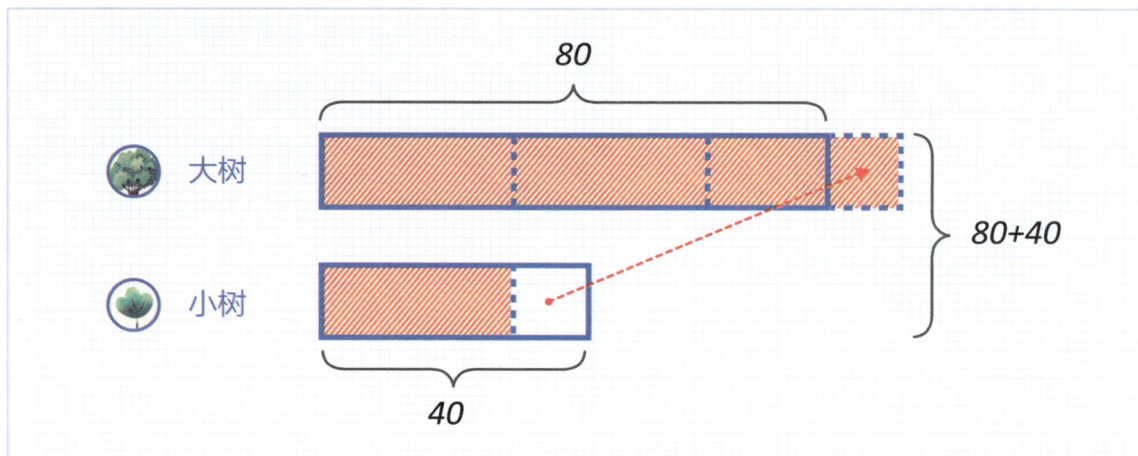

这就变成了一个"和倍"问题了，这道题最重要的是鹦鹉总数是不变的。计算鹦鹉的总数可以这样列出算式：

$$80 + 40 = 120（只）$$

4 个阴影部分方框（上面 3 个、下面 1 个）一共是 120 只，那么每个阴影部分方框代表的就是：

$$120 ÷ 4 = 30（只）$$

所以，小树上阴影部分代表的就是 30 只：

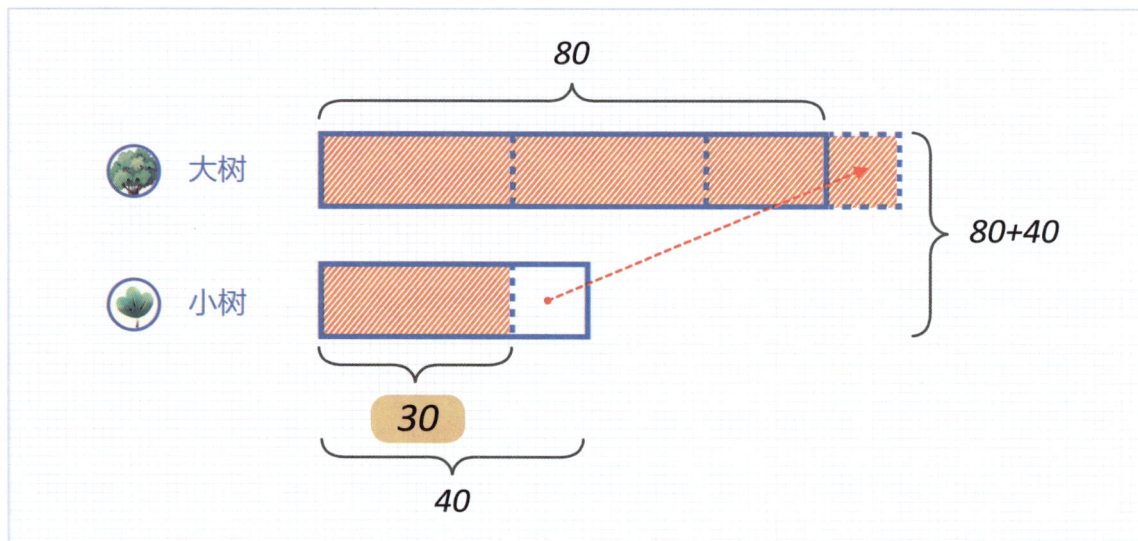

那么，要计算需要多少只鹦鹉飞到大树上，就很容易了：

$$40 - 30 = 10（只）$$

答：要有 10 只鹦鹉从小树飞到大树上，才可以使得大树上的鹦鹉数量是小树上的 3 倍。

③ 挑战 3 级难度

请扫码选择 **第 14 节**视频课程观看

你已经完成了 2 个难度的关卡，真是太厉害了，我们继续挑战下一级难度的关卡吧！

①

鹤鸵栖息于热带雨林地区，原产于澳大利亚一带，体形很像鸵鸟。

鹤鸵会吃落在地上的果实。

有一天，一雄一雌（cí）两只鹤鸵正在吃地上的果实，雄鹤鸵吃了 18 颗，雌鹤鸵吃了 16 颗。

这时候，树上又掉下来 6 颗果实，应该怎么分配，才能使得这两只鹤鸵吃的果实总数一样多呢？

我们先来读懂题目的意思，写出已知量和未知量。

☑ 已知量：雄鹤鸵吃了 18 颗果实，雌鹤鸵吃了 16 颗果实，树上掉下 6 颗果实

☑ 未知量：如何分配 6 颗果实，使得这两只鹤鸵吃的果实总数一样多

还是先把图画出来，一开始是这样的：

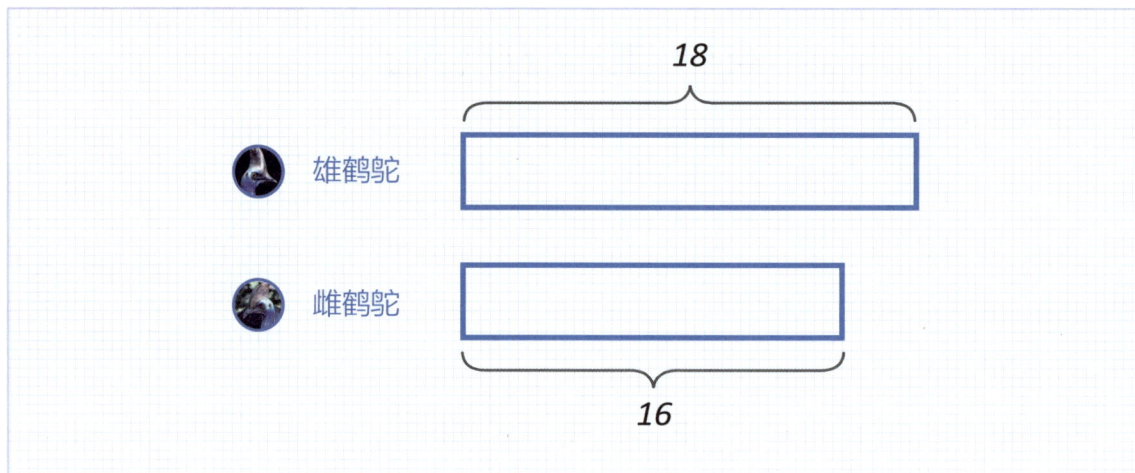

树上又掉下来 6 颗果实，分配之后，两只鹤鸵一样多。

那我们把分配完之后的图画出来：

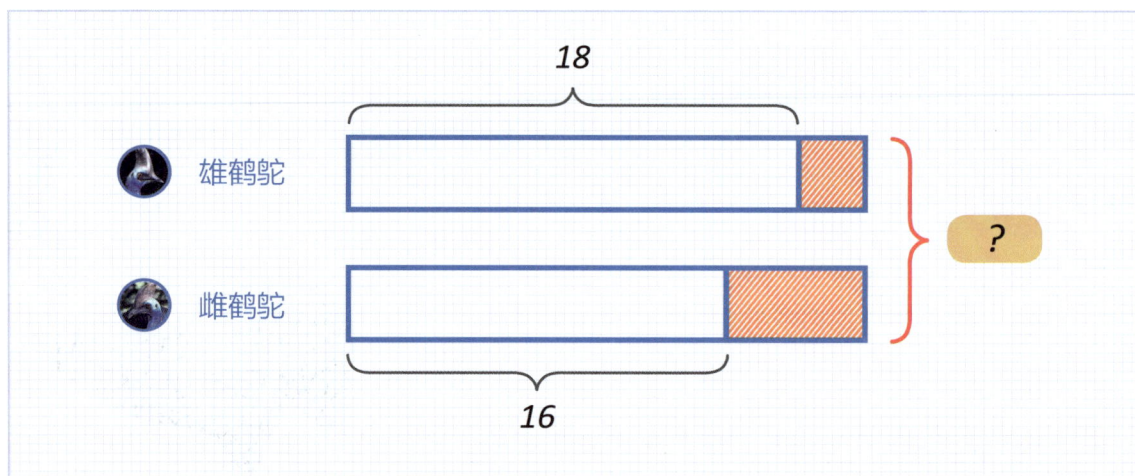

阴影部分是要分配给两只鹤鸵的部分，加起来是 6 颗，但是呢，不知道两只鹤鸵各分了多少。

这里要注意了，想一想，此时果实总数是多少呢？

是不是这样啊：

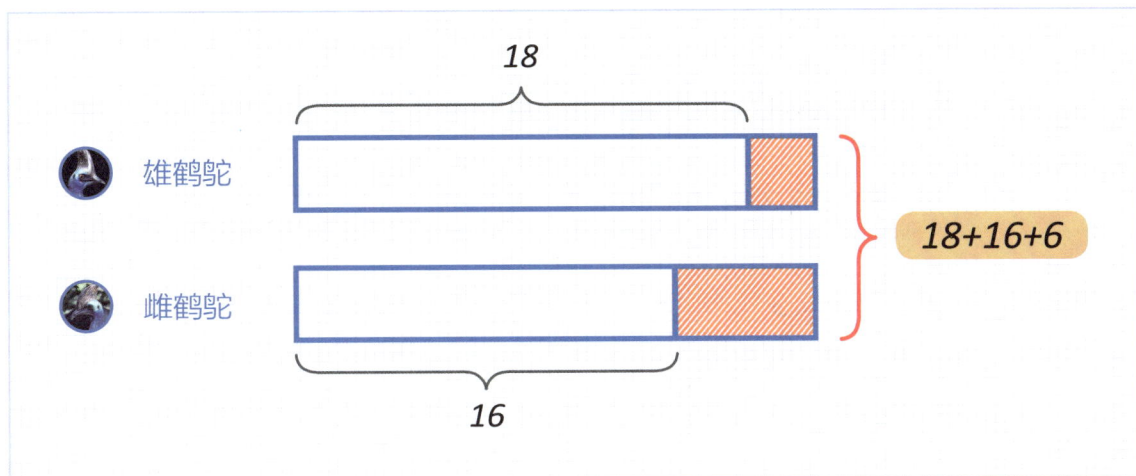

此时所有果实加起来的数量是：

$$18 + 16 + 6 = 40（颗）$$

想要使两只鹤鸵吃到一样多的果实，那么每只鹤鸵最终能吃到：

$$40 ÷ 2 = 20（颗）$$

到这一步，你应该知道树上又掉下来 6 颗果实各分给两只鹤鸵多少个了吗?

这就是一个简单的减法问题了：

> **分给雄鹤鸵的果实：$20 - 18 = 2$（颗）**

> **分给雌鹤鸵的果实：$20 - 16 = 4$（颗）**

答：树上又掉下来 6 颗果实，分给雄鹤鸵 2 颗，分给雌鹤鸵 4 颗，可以使得这两只鹤鸵吃的果实总数一样多。

②

> 鹤鸵还很喜欢吃长在低矮树枝上的果实。
> 有两棵小树上都长满了低垂的果实，一共有 70 颗，第一棵树上的果实被鹤鸵吃了 9 颗，第二棵树上的果实被鹤鸵吃了 19 颗，这两棵树上剩下来的果实一样多。
> 请问，这两棵树上原来各有多少颗果实？

我们先来读懂题目的意思，写出已知量和未知量。

☑ 已知量：两棵树上一共有 70 颗果实，第一棵树上的果实被吃了 9 颗，第二棵树上的果实被吃了 19 颗，两棵树剩下来一样多的果实

☑ 未知量：两棵树上原来各有多少颗果实

还是先把图画出来，一开始是这样的：

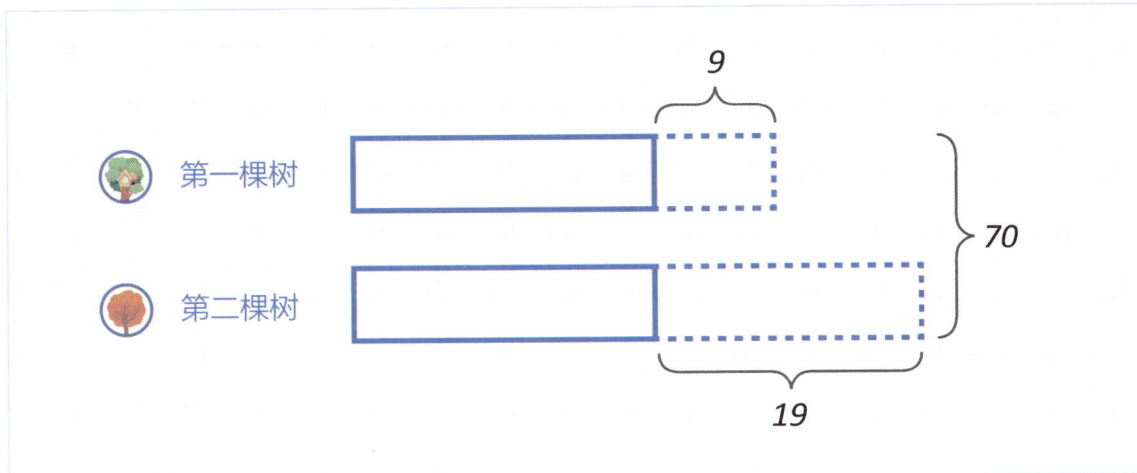

虚线表示被吃掉的果实。

减去吃掉的果实后，两棵树上剩下来的果实一共是多少呢？

$$70 - 9 - 19 = 42（颗）$$

所以，每棵树上剩下来的果实数量是：

$$42 \div 2 = 21（颗）$$

因此，第一棵树上原来的果实有：

$$21 + 9 = 30（颗）$$

第二棵树上原来的果实有：

$$21 + 19 = 40（颗）$$

答：第一棵树上原来有 30 颗果实，第二棵树上原来有 40 颗果实。

④ 挑战 4 级难度

请扫码选择
第 15 节视频课程观看

哇，前面 3 关竟然都没能难倒你，那我们就试试这第 4 关怎么样吧！

①

我们通常见到的天鹅都是白色的，小朋友们，你们见过黑天鹅吗？

在 17 世纪之前，欧洲人一直认为天鹅都是白色的，直到在澳大利亚发现了第一只黑天鹅。

话说池塘里面有一群天鹅在游泳，岸上还有一群天鹅在休息。

后来岸上有 8 只天鹅来到了水中，此时岸上的天鹅比水中的天鹅还多 3 只。

请问：原来岸上的天鹅比水中的多几只？

我们先来理解题目的意思，写出已知量和未知量。

☑ 已知量：岸上有 8 只天鹅来到了水中，此时岸上的天鹅比水中的天鹅还多 3 只

☑ 未知量：原来岸上的天鹅比水中的天鹅多几只

题目没有告诉我们水中和岸上的天鹅各有多少只，那怎么画图呢？至少我们知道原来岸上的天鹅比水中的多。所以先把图画出来：

★ 岸上

● 水中

那后来岸上有 8 只天鹅去了水中，岸上的天鹅比水中的还多 3 只，怎么表示呢？

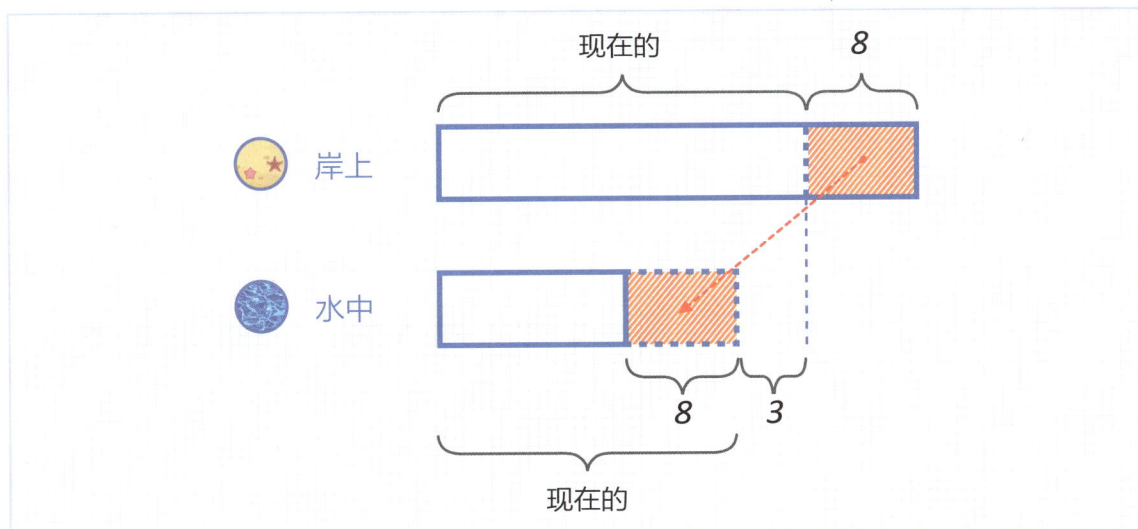

你一定要非常认真地观察上面的图形，现在岸上的天鹅比水中的多 3 只，也表示出来了。

那么原来岸上的天鹅比水中的多多少只呢？

我们在图上把原来的天鹅标出来：

看图，一目了然：

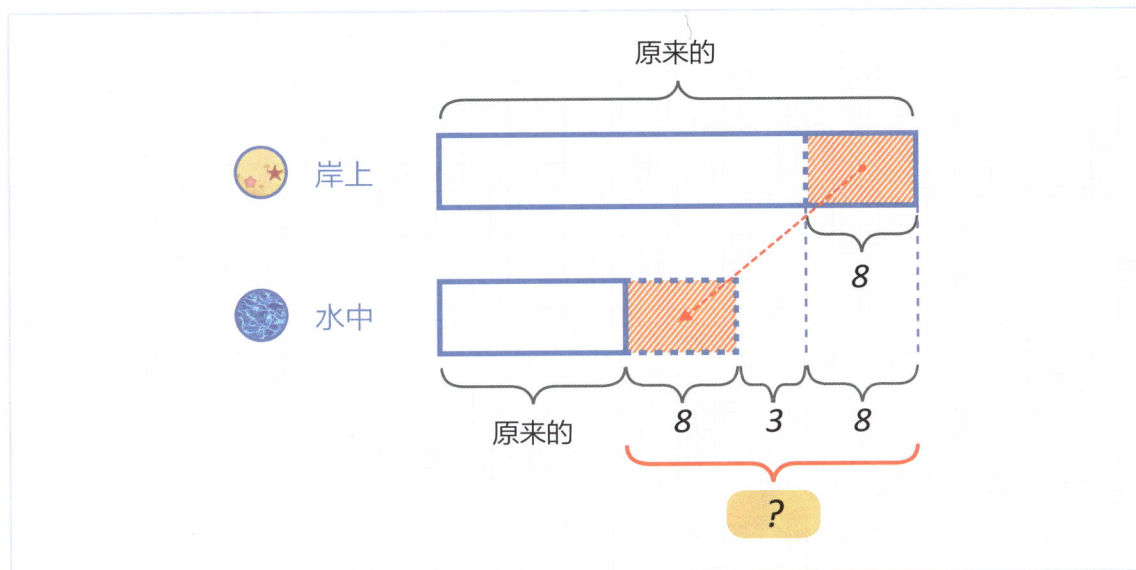

$$8 + 3 + 8 = 19 （只）$$

答：原来岸上的天鹅比水中的多 19 只。

2 我们再来看一道题：

> 两棵树上有一样多的虎皮鹦鹉，有 12 只鹦鹉从第一棵树飞到了第二棵树上。
> 此时第二棵树上的鹦鹉数量是第一棵树上的 3 倍。
> 请问原来两棵树上各有多少只鹦鹉？

我们先来理解题目的意思，写出已知量和未知量。

☑ 已知量：原来两棵树上的鹦鹉一样多，后来有 12 只从第一棵树上飞到了第二棵树上，此时第二棵树上的鹦鹉数量是第一棵树上的 3 倍

☑ 未知量：原来两棵树上的鹦鹉数量

我们先把图画出来，一开始两棵树上的鹦鹉一样多：

第一棵树

第二棵树

当 12 只鹦鹉从第一棵树飞到了第二棵树上之后，就变成下面这样了：

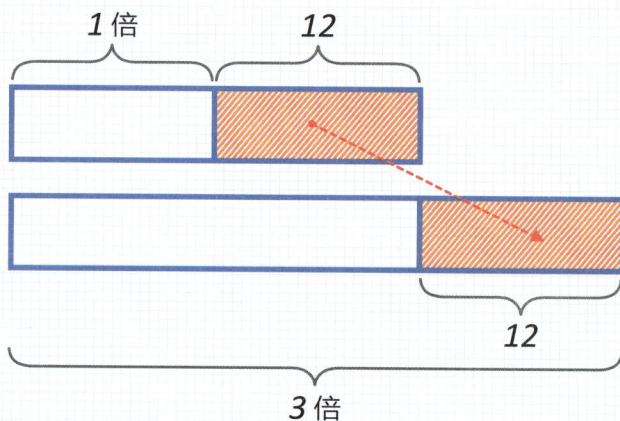

到了这一步，好像有点"卡住"了，不知道该如何往下进行了。

别急，我们在图上做一些变换：

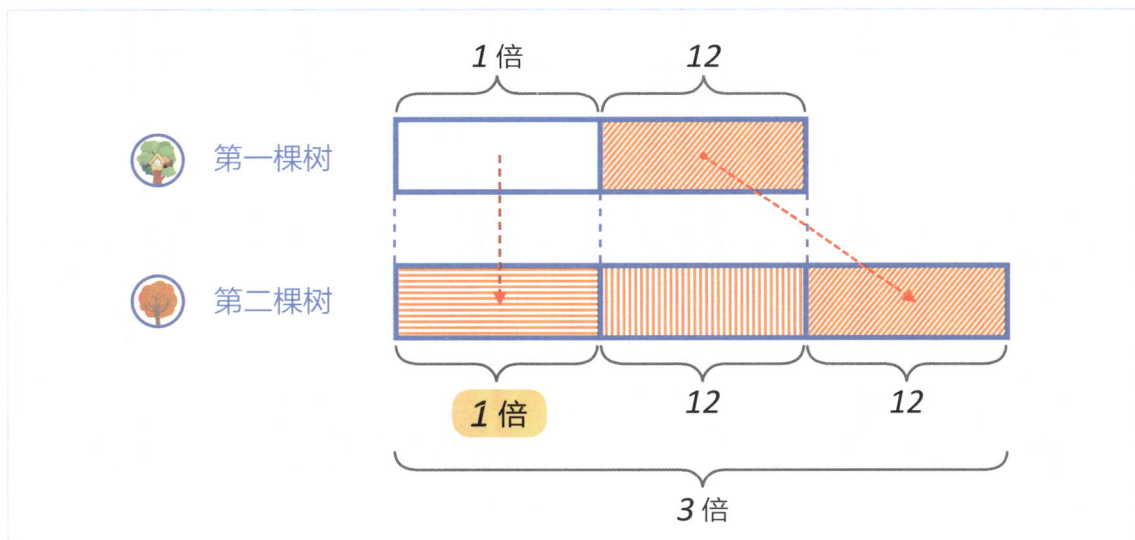

我们把表示 12 只鹦鹉飞走后第一棵树上代表剩下的鹦鹉数量的方框，对齐移动到第二棵树上。请你仔细观察和理解上面的图形变换。

此时，我们只看图中代表第二棵树的部分：

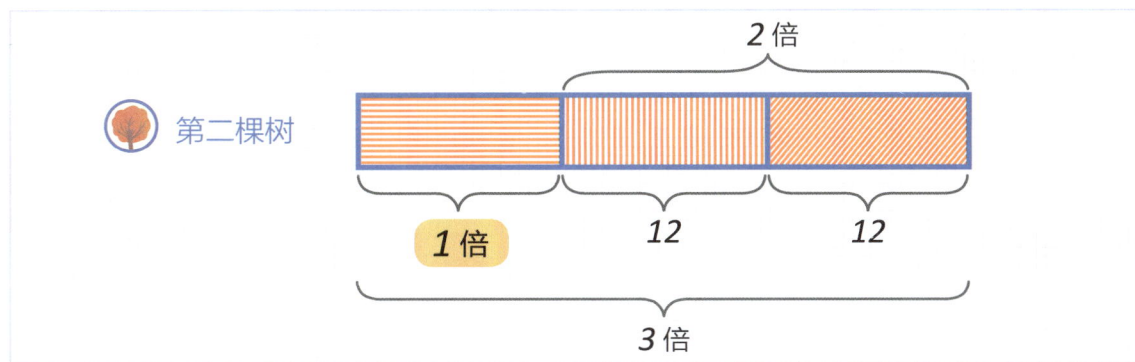

从图上可以看出来，右边两个小方框代表的数量 24 只（12+12=24），是左边一个小方框的 2 倍，所以 1 个小方框代表的数量是 12 只（24÷2=12）。

再回到题目的问题，两棵树上原来各有多少只鹦鹉？

从图中可以很容易地看出来：

$$12 + 12 = 24（只）$$

答：两棵树上原来各有 24 只鹦鹉。

③

又要说到鹤鸵了，两棵小树上有一样多的果实，第一棵树上的果实被鹤鸵吃了 15 颗，第二棵树上的果实被鹤鸵吃了 45 颗，此时第一棵树上的果实是第二棵树上的 3 倍。请问，两棵小树上原来各有多少颗果实？

我们先来理解题目的意思，写出已知量和未知量。

☑ 已知量：两棵小树上原来有一样多的果实，第一棵树被吃了 15 颗，第二棵树被吃了 45 颗；被吃后，第一棵树上的果实是第二棵树上的 3 倍

☑ 未知量：两棵小树原来各有多少颗果实

我们先把图画出来，一开始两棵树上的果实一样多，鹤鸵吃了一些果实之后：

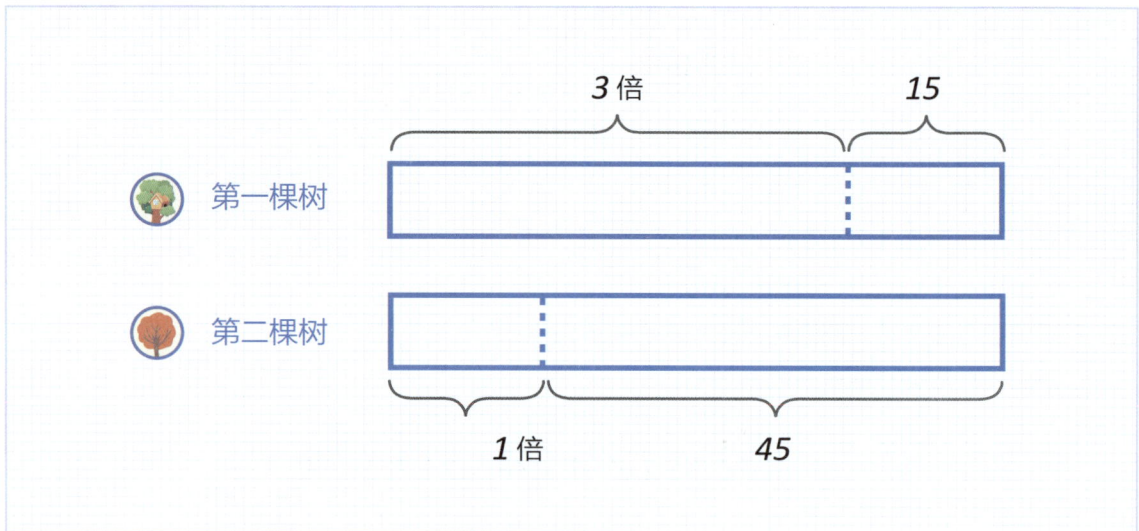

第一棵树　　3 倍　　15

第二棵树　　1 倍　　45

接着把上下两个方框做一些对齐变换：

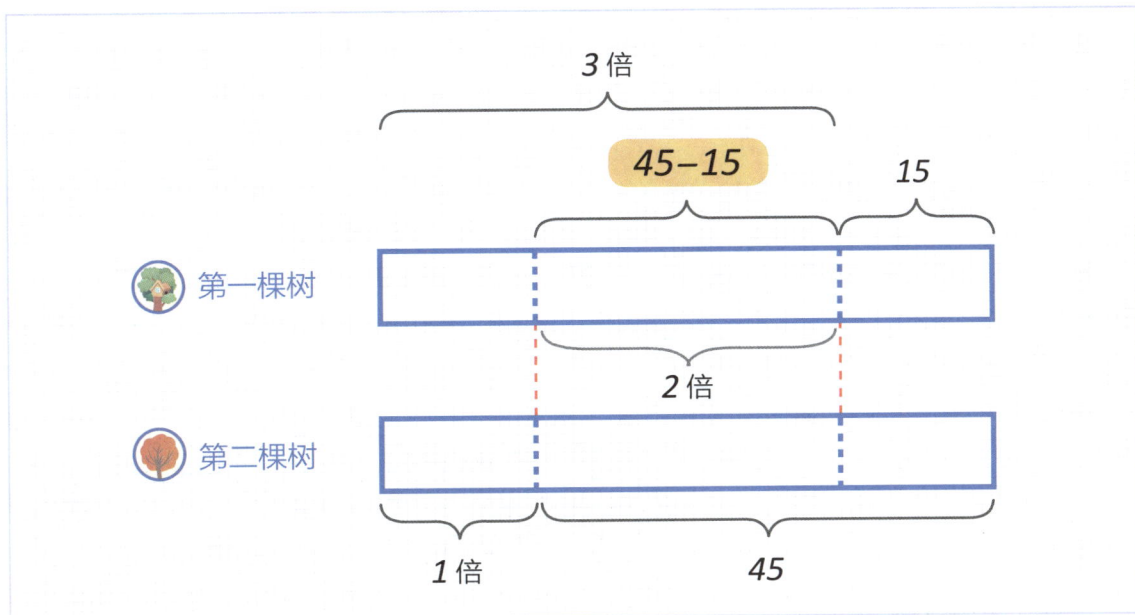

上图中，黄色部分标出来的是：

$$45 - 15 = 30 （颗）$$

仔细观察图形会发现，这 30 颗恰好是第二棵树剩下来的果实的 2 倍。

因此，第二棵树剩下来的果实：

$$30 \div 2 = 15 （颗）$$

因此两棵小树原来的果实：

$$15 + 45 = 60 （颗）$$

答：两棵小树原来各有 60 颗果实。

4

两只小天鹅甜甜和贝贝跟着妈妈出去觅食,天鹅妈妈给它们俩捉了一样多的虫子,甜甜吃掉了9只虫子,妈妈又给了贝贝15只虫子,这时贝贝的虫子数量是甜甜的3倍。请问甜甜和贝贝一开始各有多少只虫子?

我们先来理解题目的意思,写出已知量和未知量。

☑ 已知量:甜甜和贝贝的虫子一样多,甜甜吃掉了9只,贝贝又多了15只,这时贝贝的虫子数量是甜甜的3倍

☑ 未知量:甜甜和贝贝一开始各有多少只虫子

先画图把题目中的关键点表示出来:

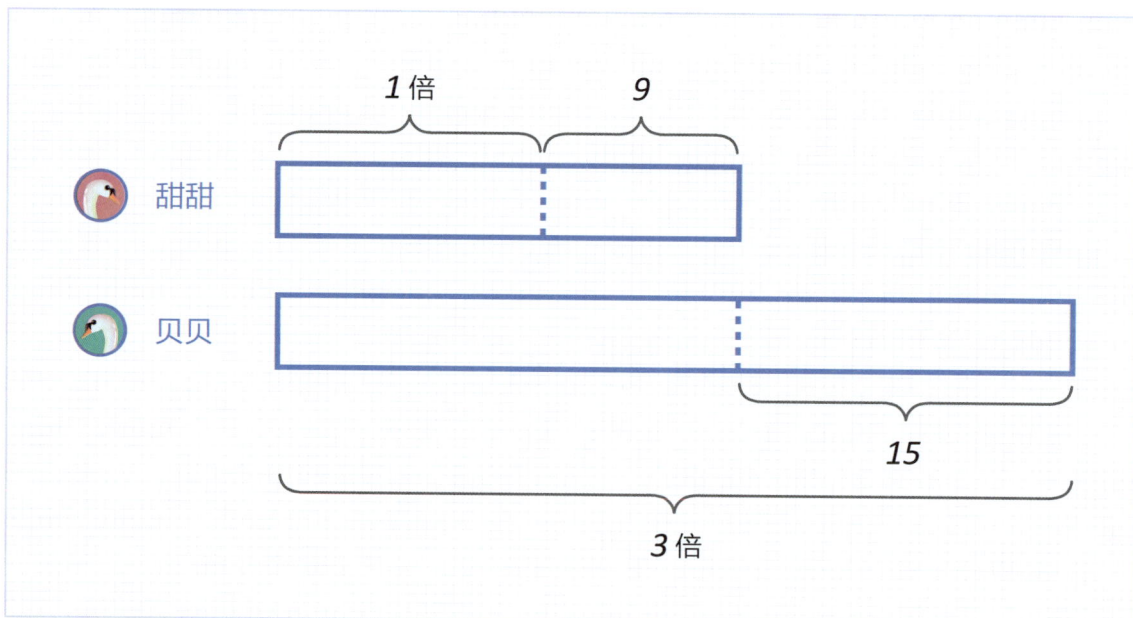

接着把上下两个方框做一些对齐变换：

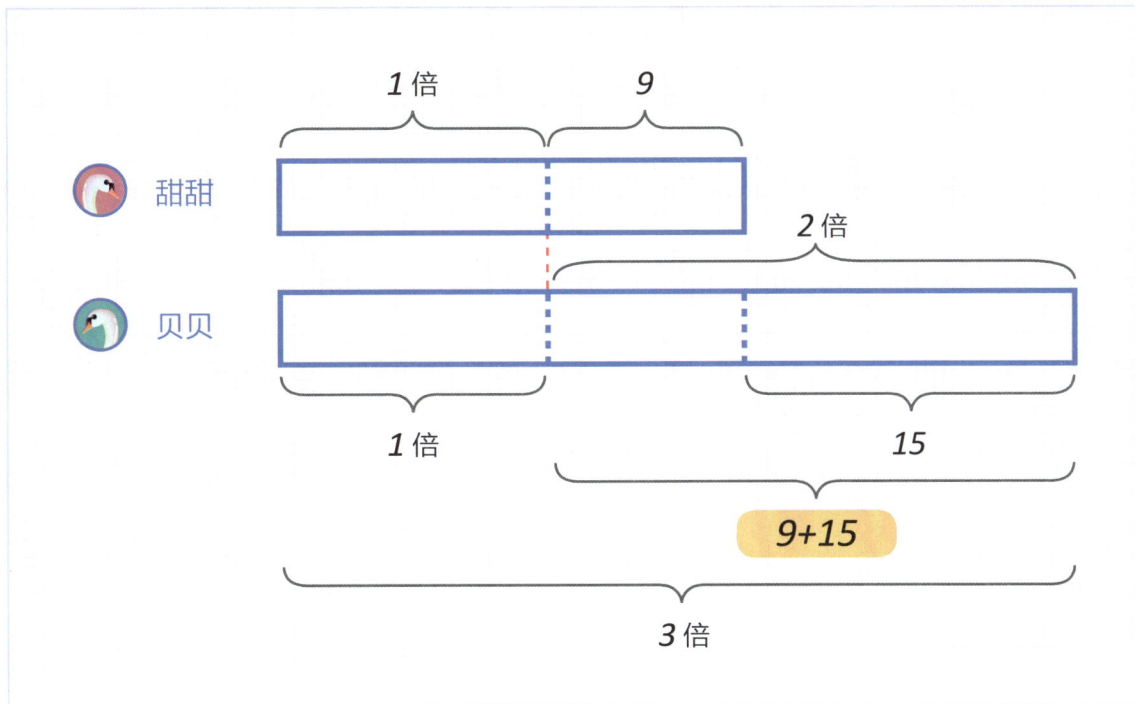

上图中，黄色部分标出来的是：

$$9 + 15 = 24（只）$$

仔细观察图形会发现，这 24 只恰好是甜甜剩下来的虫子数量的 2 倍。

因此，甜甜剩下来的虫子数量为：

$$24 ÷ 2 = 12（只）$$

这样它们原来各自拥有的虫子数量为：

$$12 + 9 = 21（只）$$

答：甜甜和贝贝一开始各有 21 只虫子。

⑤ 多个部分的画图

请扫码选择
第 16 节视频课程观看

前面我们讲的都是两个部分之间的比较，如果超过两个部分该怎么办呢？

1 我们来看一道题：

> 在澳大利亚，还有一种非常可爱的动物，它胖胖的，喜欢吃桉树的树叶，大部分时间抱着树枝在树上睡觉，非常惹人喜爱。
>
> 我想你猜到它是什么动物啦？
>
> 对了，它就是树袋熊，又叫考拉。
>
> 有 3 只考拉正在吃树叶，它们一共吃了 90 片树叶，第二只考拉比第一只考拉少吃了 3 片树叶，第三只考拉比第二只考拉多吃了 6 片树叶。
>
> 请问 3 只考拉各吃了多少片树叶？

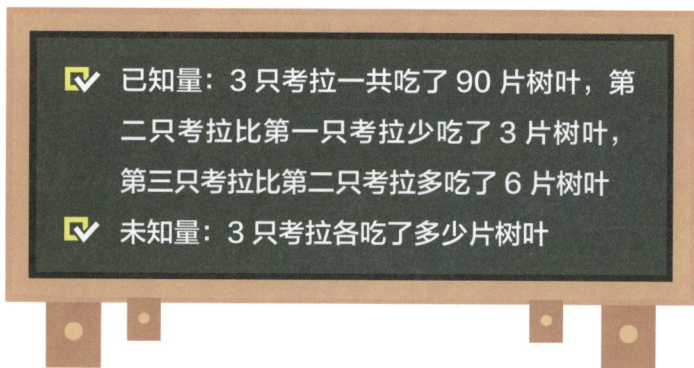

我们先来理解题目的意思，写出已知量和未知量。

☑ 已知量：3 只考拉一共吃了 90 片树叶，第二只考拉比第一只考拉少吃了 3 片树叶，第三只考拉比第二只考拉多吃了 6 片树叶

☑ 未知量：3 只考拉各吃了多少片树叶

我们还是先画图：

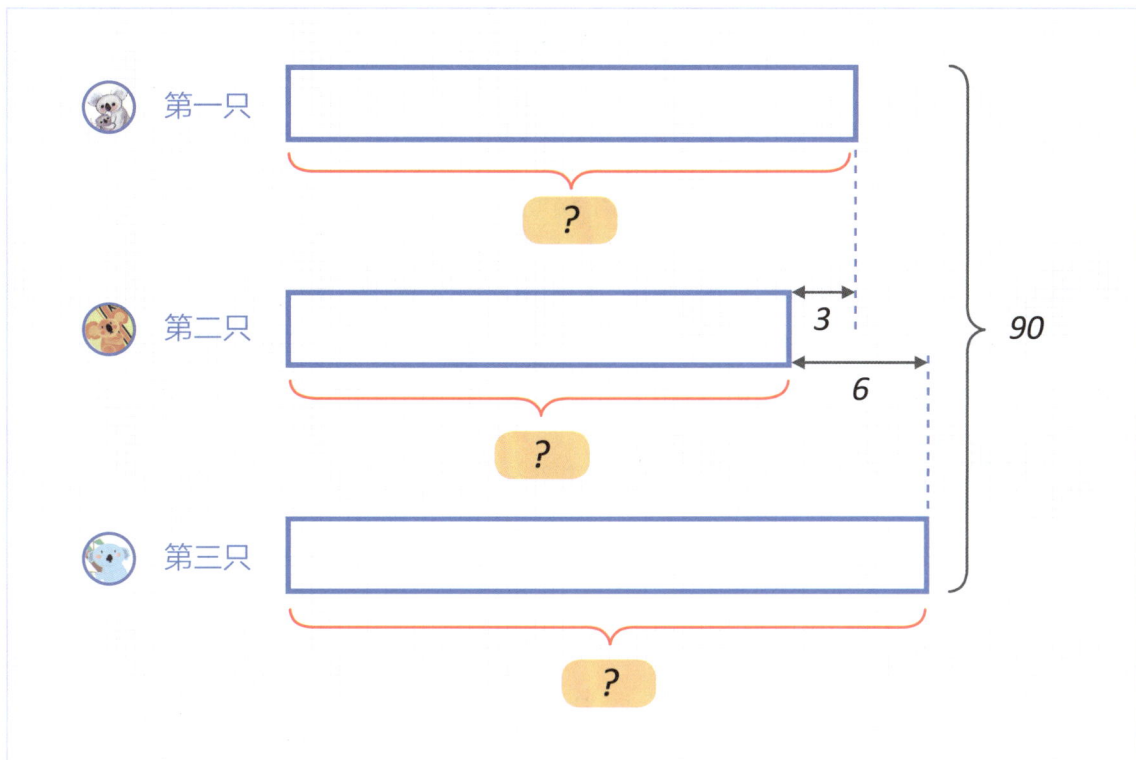

这个问题其实就是"和差"问题，只不过需要比较的部分从 2 个变成了 3 个。

把第一只考拉吃的树叶数量减去 3 片，把第三只考拉吃的树叶数量减去 6 片，它俩吃的树叶数量是不是就和第二只考拉一样多了？

此时 3 只考拉吃的树叶数量总和列式如下：

$$90 - 3 - 6 = 81（片）$$

所以第二只考拉吃的树叶数量是：

$$81 ÷ 3 = 27（片）$$

第二只考拉吃的树叶算出来了，那么第一只呢？

$$27 + 3 = 30（片）$$

第三只呢？

$$27 + 6 = 33（片）$$

答：第一只考拉吃了 30 片树叶，第二只考拉吃了 27 片树叶，第三只考拉吃了
33 片树叶。

这道题还有其他两种类似的解法，开动脑筋想想看，你能想出来吗？

2 我们再来看一道题：

又过了一段时间，3 只考拉一共吃了 616 片树叶，第二只考拉吃的树叶是第一只考拉的两倍，第三只考拉吃的树叶是第二只考拉的两倍。请问 3 只考拉各吃了多少片树叶？

我们先来理解题目的意思，写出已知量和未知量。

☑ 已知量：3 只考拉一共吃了 616 片树叶，第二只考拉吃的树叶是第一只考拉的两倍，第三只考拉吃的树叶是第二只考拉的两倍

☑ 未知量：3 只考拉各吃了多少片树叶

我们先来画图：

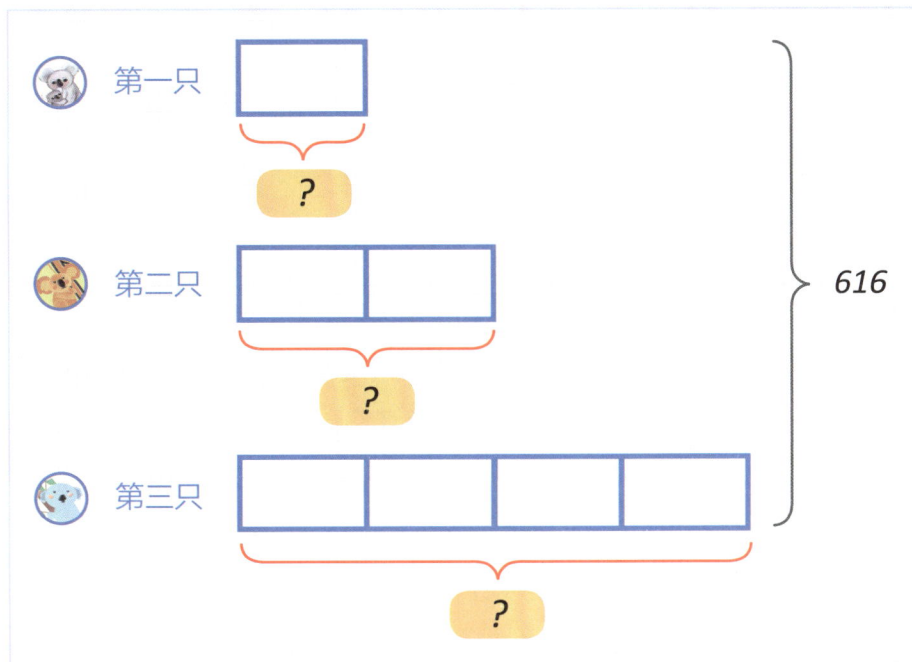

这个问题其实就是"和倍"问题，只不过从 2 个部分变成了 3 个部分。

我们在前面已经学习过，数一下，代表 3 只考拉吃的树叶数量的方框一共有多少个？

$$1 + 2 + 4 = 7（个）$$

所以 1 个方框代表的数量是：

$$616 ÷ 7 = 88（片）$$

因此，第一只考拉吃了 88 片树叶。

第二只考拉吃了：

$$88 × 2 = 176（片）$$

第三只考拉吃了：

$$88 × 4 = 352（片）$$

答：第一只考拉吃了 88 片树叶，第二只考拉吃了 176 片树叶，第三只考拉吃了 352 片树叶。

思维训练

1. 小冰跟爸爸妈妈坐高铁出去玩，他数了一下，一号车厢和二号车厢一共坐了 79 个人，二号车厢的人数是一号车厢的 5 倍还多 7 个人。请问一号车厢有多少个人？请用画图方法解答。

2. 小文和弟弟都很喜欢吃饼干，妈妈给了他们一样多的饼干，小文又给了弟弟 8 块饼干。这时弟弟比小文多几块饼干？请用画图方法解答。

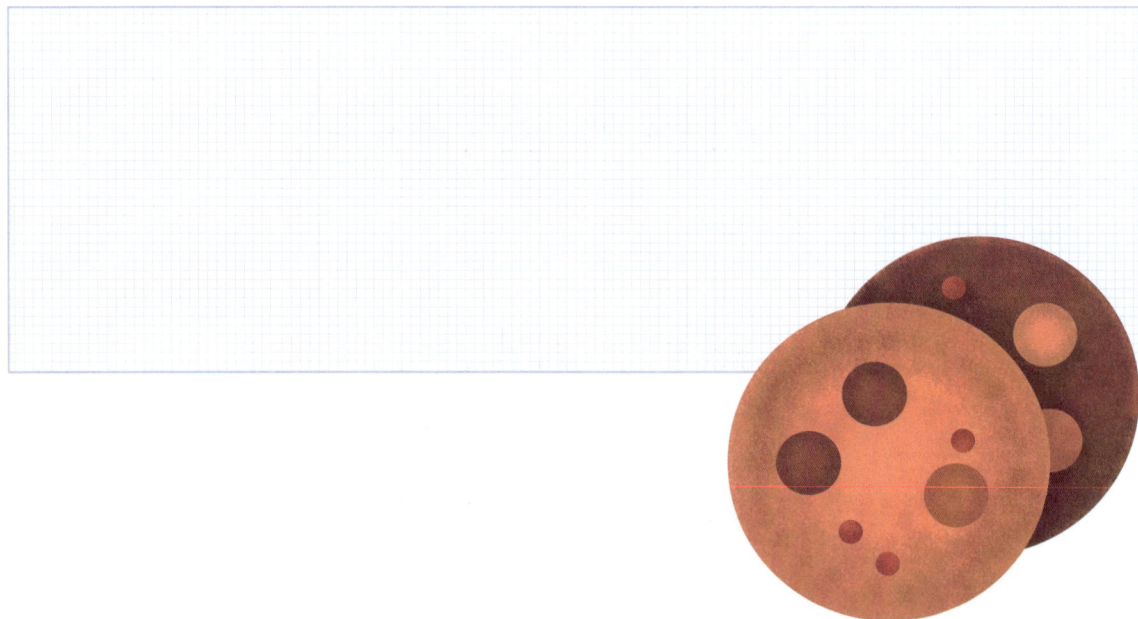

3. 仔细观察下面的图：

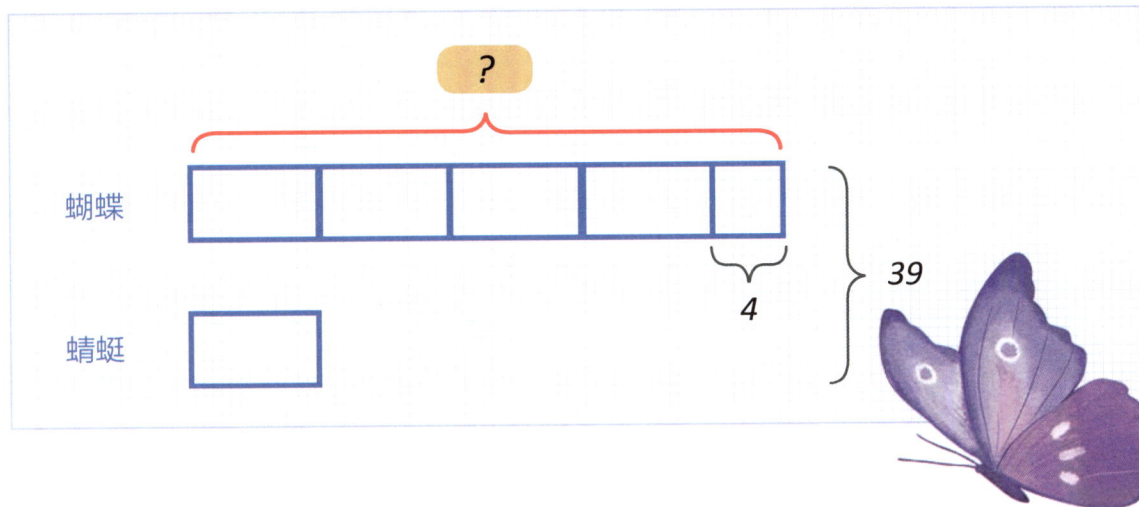

① 请设计一道应用题，写在下面的方框内，也可以讲给爸爸妈妈听，看看他们能做出来吗？

② 为这道题写出已知量和未知量：

- ☑ 已知量：

- ☑ 未知量：

③ 根据图列出算式：

答：

4. 小志和爸爸一起去钓鱼，他和爸爸一共钓了 28 条鱼，爸爸钓的鱼是小志的 5 倍少 2 条。请问爸爸钓了多少条鱼？请用画图方法解答。

5. 小菲和小雪在果园摘草莓，小菲摘了 36 颗，小雪摘了 20 颗。如果要让她们俩的草莓一样多，小菲需要给小雪多少颗草莓？请用画图方法解答。

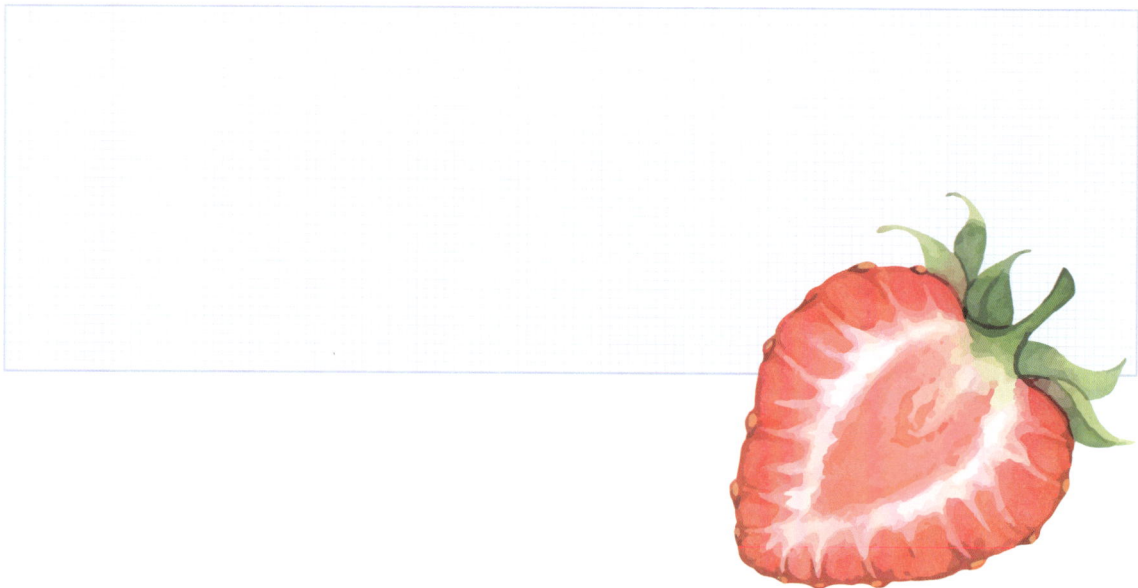

6. 仔细观察下面的图：

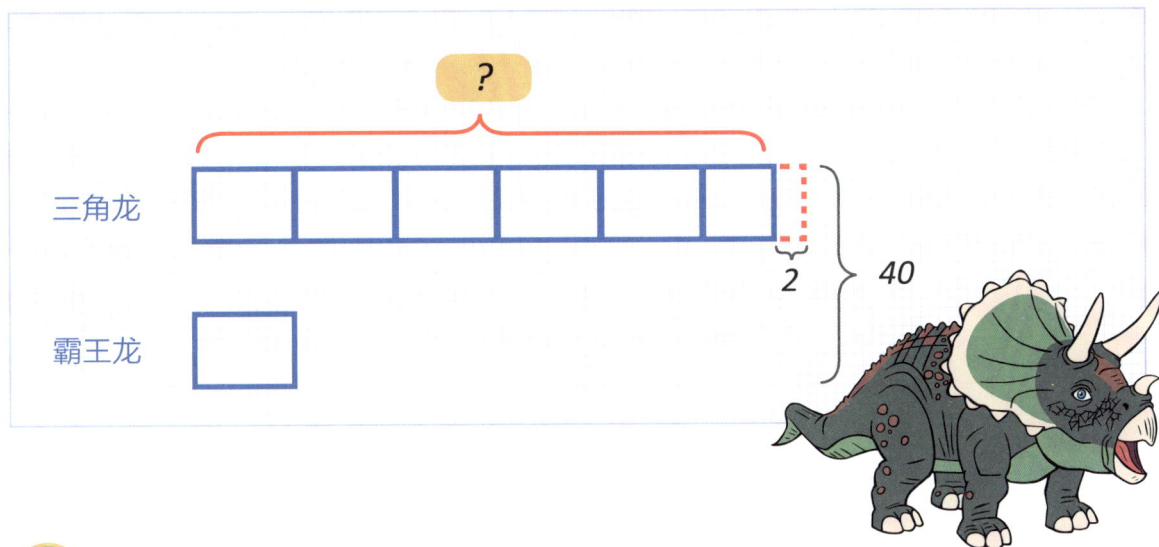

?

三角龙

2

40

霸王龙

1 请设计一道应用题，写在下面的方框内，也可以讲给爸爸妈妈听，看看他们能做出来吗？

2 为这道题写出已知量和未知量：

✔ 已知量：

✔ 未知量：

3 根据图列出算式：

答：

7. 仔细观察下面的图：

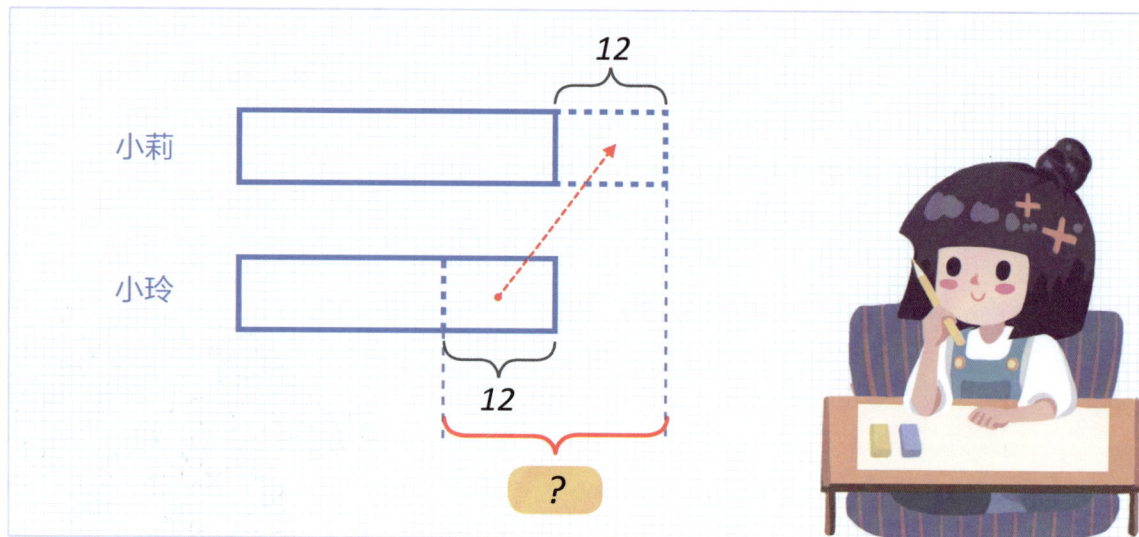

小莉

小玲

12

12

?

① 请设计一道应用题，写在下面的方框内，也可以讲给爸爸妈妈听，看看他们能做出来吗？

② 为这道题写出已知量和未知量：

☑ 已知量：

☑ 未知量：

③ 根据图列出算式：

答：

8. 仔细观察下面的图：

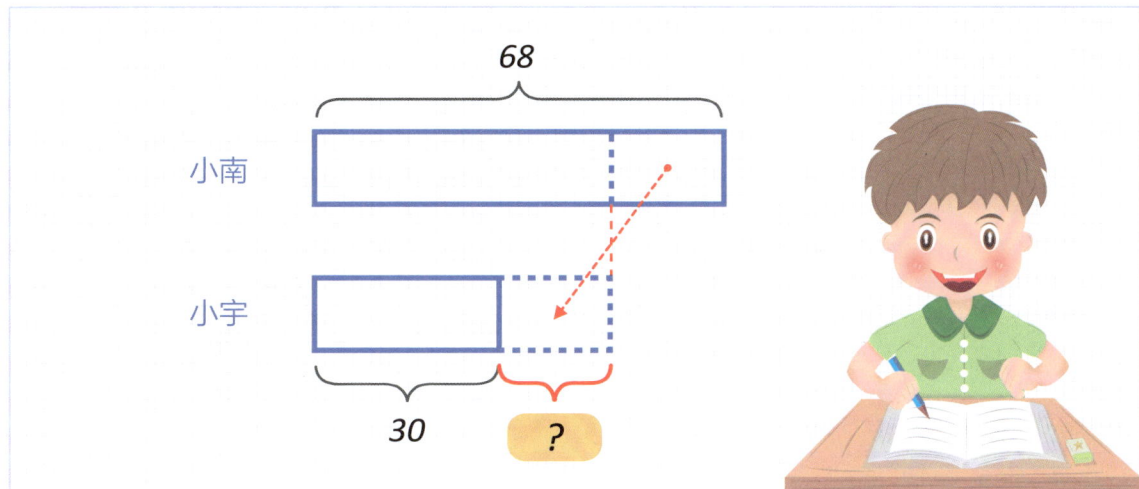

1 请设计一道应用题，写在下面的方框内，也可以讲给爸爸妈妈听，看看他们能做出来吗？

2 为这道题写出已知量和未知量：

   ☑ 已知量：

   ☑ 未知量：

3 根据图列出算式：

答：

_____

9. 小苏口袋里有 30 元零花钱，小茜口袋里有 50 元零花钱。如果想让小茜的钱是小苏的 4 倍，那么小苏需要给小茜多少元？请用画图方法解答。

10. 两组同学排队练习足球，第一组比第二组多 5 人，从第一组转了 3 名同学到第二组。请问此时第一组和第二组的人数哪个多？多了多少人？请用画图方法解答。

☆ 11. 仔细观察下面的图：

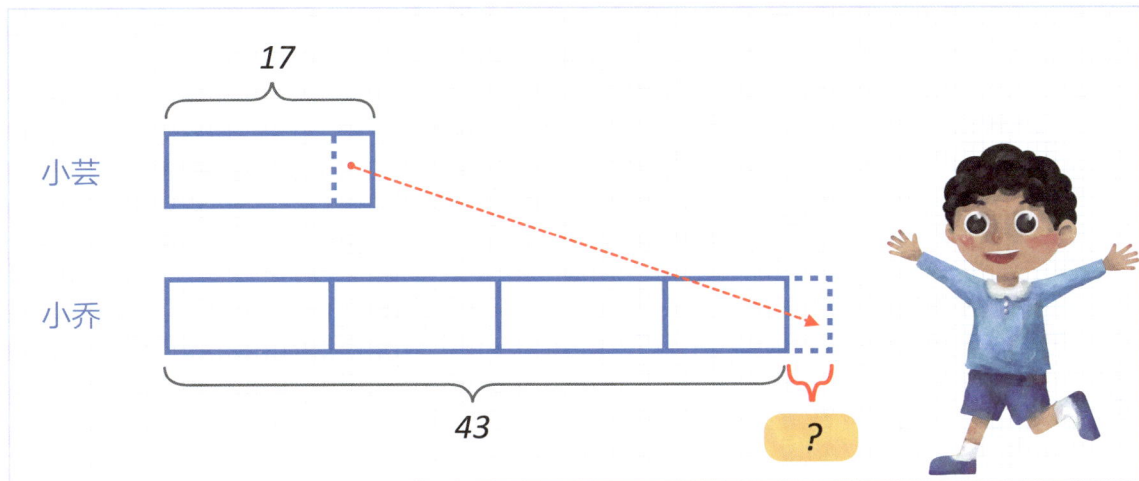

① 请设计一道应用题，写在下面的方框内，也可以讲给爸爸妈妈听，看看他们能做出来吗？

② 为这道题写出已知量和未知量：

☑ 已知量：

☑ 未知量：

③ 根据图列出算式：

答：

12. 爸爸送给小英 8 个气球，送给小思 11 个气球，此时爸爸又拿来了 5 个气球，怎么样分配可以使得他们的气球数量一样？请用画图方法解答。

13. 小欧家的花园里有两棵苹果树，一共结了 120 个苹果，小欧在第一棵树上摘了 20 个苹果，在第二棵树上摘了 10 个苹果，摘完后两棵树上的苹果一样多。问两棵树上原来各有多少个苹果？请用画图方法解答。

14. 松鼠妈妈和小松鼠都有一些坚果，松鼠妈妈拿了 4 颗坚果给小松鼠之后，它们的坚果数量一样多。请问原来松鼠妈妈比小松鼠多了多少个坚果？请用画图方法解答。

☆ 15. 小秋和小冬都很喜欢吃巧克力豆，小秋送给小冬 12 颗巧克力豆之后，小秋比小冬还多 7 颗。请问原来小秋比小冬多了多少颗巧克力豆？请用画图方法解答。

☆☆ 16. 小芬和小雨的手里有一样多的贴纸，小芬送给小雨 12 张贴纸之后，小雨的贴纸数量是小芬的 5 倍，请问原来她们各有多少张贴纸？请用画图方法解答。

☆☆ 17. 小兔子和兔妈妈有一样多的胡萝卜，一天之后，小兔子吃掉了 8 根胡萝卜，兔妈妈吃掉了 32 根胡萝卜，此时小兔子的胡萝卜是兔妈妈的 4 倍。请问小兔子原来有多少根胡萝卜？请用画图方法解答。

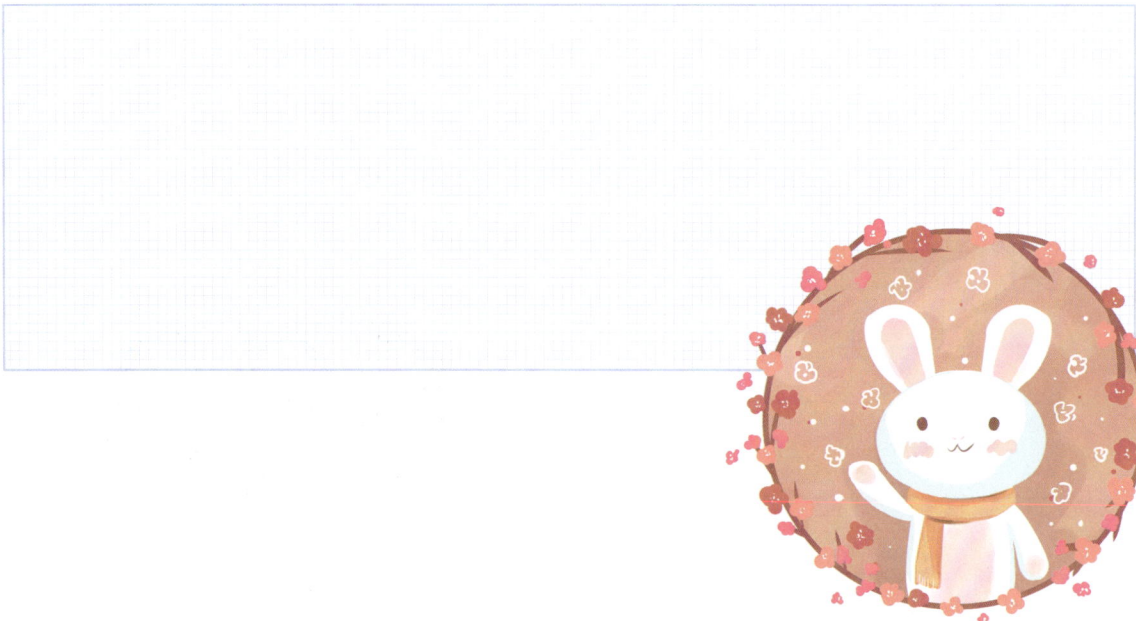

☆☆ 18. 小熊和熊爸爸去掰玉米，它们俩掰的玉米一样多，熊爸爸吃掉了 13 根，小熊吃掉了 7 根，这时小熊的玉米是熊爸爸的 3 倍。请问原来小熊和熊爸爸各掰了多少根玉米？请用画图方法解答。

☆ 19. 小格、小新和小齐一共有 30 辆玩具车，小新比小格多 2 辆，小齐比小新多 2 辆。请问他们各有多少辆玩具车？请用画图方法解答。

20. 仔细观察下面的图：

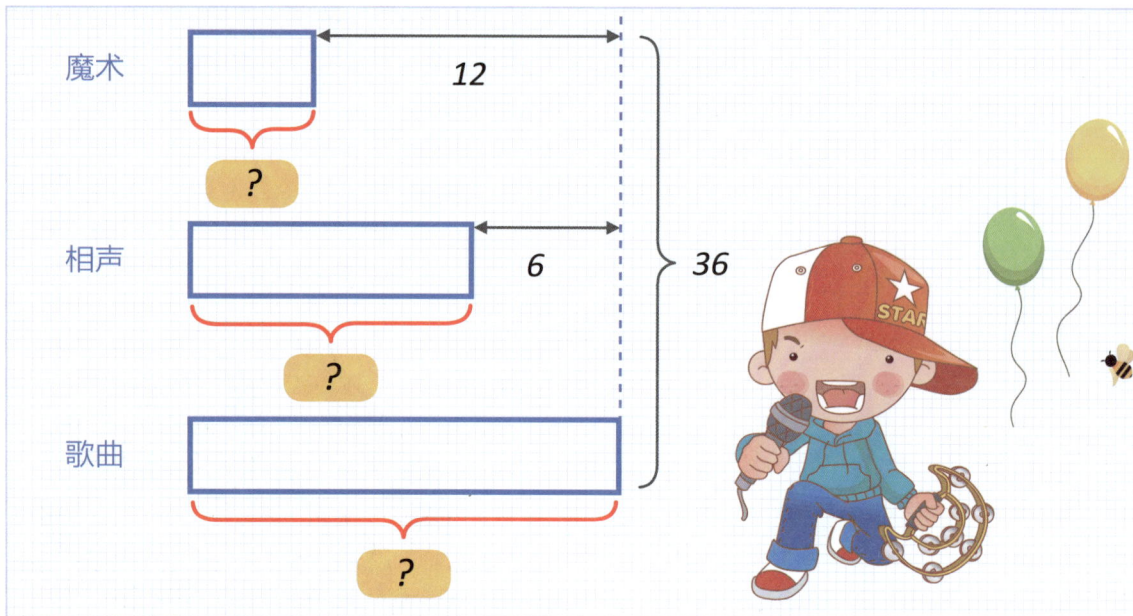

魔术   12

?

相声   6   36

?

歌曲

?

① 请设计一道应用题，写在下面的方框内，也可以讲给爸爸妈妈听，看看他们能做出来吗？

② 为这道题写出已知量和未知量：

☑ 已知量：

☑ 未知量：

③ 根据图列出算式：

答：

英语小拓展

这里有一份关于多步应用题的关键词的中英文对照表。

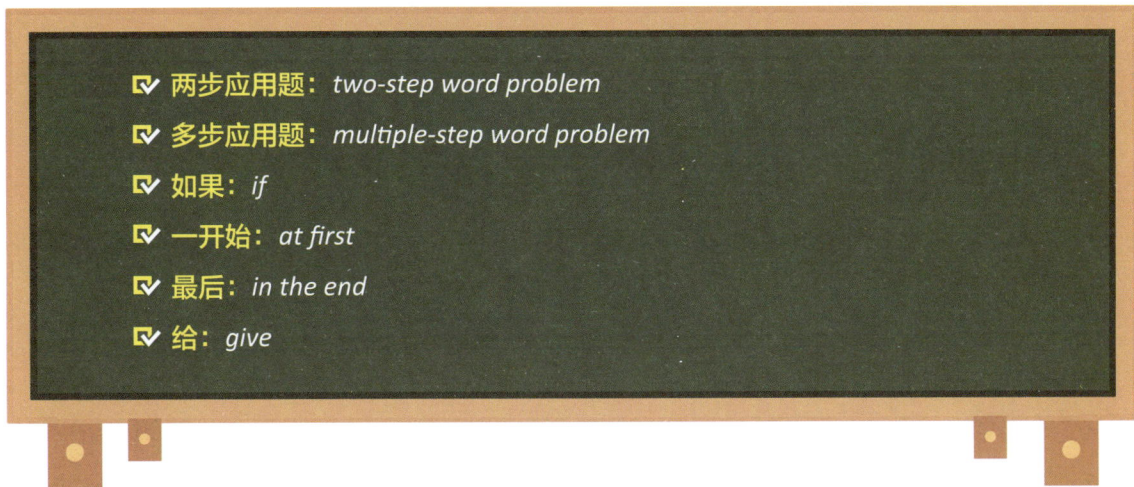

- ☑ **两步应用题**：*two-step word problem*
- ☑ **多步应用题**：*multiple-step word problem*
- ☑ **如果**：*if*
- ☑ **一开始**：*at first*
- ☑ **最后**：*in the end*
- ☑ **给**：*give*

Please solve the following word problems.

Word Problem 1：

Tom has 50 pencils. If he gives 6 pencils to Mike, both of them will have the same number of pencils.

How many pencils does Mike have at first?

Word Problem 2：

Alice has 110 stickers. Mary has 70 stickers.

How many stickers must Mary give to Alice so that the number of stickers Alice has is 5 times that of Mary's?

第 3 章

STEAM 项目

波希战争

之

萨拉米斯海战

1 背景知识

公元前 492 年，古希腊和古波斯之间爆发了一场大规模的战争，这就是著名的"希腊－波斯战争"，简称"波希战争"。这场战争前后持续了将近半个世纪，最后以希腊的大获全胜而告终。

萨拉米斯海战是这场战争中的决定性战役。

公元前 480 年，波斯国王率 10 万大军、800 艘战舰，渡过赫勒斯滂海峡，分水陆两路远征希腊。而这个时候，希腊联军只有陆军数万、战舰 400 艘，且被封在萨拉米斯海湾内。

双方实力差距太大了，没有人觉得希腊能赢。

可是聪明的希腊人趁着波斯人不注意的时候，将舰队分成两线队形，对波斯舰队突然发起攻击。他们的船虽然小，但是在狭窄的海湾行驶起来很灵活，可以通过接舷战和撞击战反复突击波斯舰队。

经过一天的激战，波斯舰队损失惨重，只好撤退。

萨拉米斯海战奠定了古希腊海上帝国的基础，而强大无比的波斯帝国从此走向衰落。

在这场海战中，希腊人的三层桨座战船发挥了至关重要的作用！

一艘典型的三层桨座战船全长 37 米，可配备桨手 170 ～ 174 名，另有船长、弓箭手、标枪手、水手等人。配备齐全的三层桨座战船可以装载大型弓箭武器及飞弹型武器，能够在直接冲撞敌方船只后毫发无损。

2 任务指派

在萨拉米斯海战爆发的前两年，希腊海军统帅感受到了来自波斯大军的威胁，于是他决定加强海军力量，命令部下在 300 天之内建造出 60 艘三层桨座战船。

于是部下找到了善于造船的腓（féi）尼基人，腓尼基人带来了 **3 个造船工匠团**。

任务：300 天之内建造 60 艘战船

要求：工钱花费不能超过 510 个金币

③ 任务开始

3.1 造船准备

将军问腓尼基人：“你们多少天可以建造好一艘战船？”

腓尼基人说：“将军，我们有 3 个工匠团，第一工匠团 5 天可以造好一艘战船，第二工匠团需要的天数是第一工匠团的 2 倍，第三工匠团需要的天数是第一工匠团的 3 倍。”

问题 1 请你帮将军算一下，第二工匠团和第三工匠团各需要多少天才能造好一艘战船呢？

想要工匠帮忙造船是需要付出金币作为工钱的。腓尼基人告诉将军：“如果我的 3 个工匠团，每个工匠团都各造一艘船的话，3 个工匠团一共需要 26 个金币。其中，第二工匠团需要的金币数量比第一工匠团少 1 个，第三工匠团需要的金币数量比第二工匠团少 2 个。"

问题 2　请你算一算，当这 3 个工匠团分别造好一艘战船，各需要多少个金币？

现在你已经知道了，3 个工匠团造好一艘战船分别所需要的天数以及所需要的工钱。

问题 3　请把这些数据填在下面的表格里吧！

工匠团编号	造好一艘战船需要的天数	造好一艘战船需要的金币数
第一工匠团		
第二工匠团		
第三工匠团		

3.2　选择造船方案

现在请你回忆一下造船任务：300 天内需要造好 60 艘战船，而且花费不能超过 510 个金币。

方案 1

将军想：那好办，请造船最快的工匠团来工作。

问题 4　这 3 个工匠团中，造船最快的是（请打钩）：

第一工匠团	
第二工匠团	
第三工匠团	

问题 5　如果请最快的工匠团来造船，那么造好 60 艘战船需要多少天？

问题 6 需要花费多少工钱？

问题 7 这样的方案满足任务要求吗？为什么？

💡 **方案 2**

看来请最快的工匠团是不能满足要求了，那好，请最便宜的工匠团来工作呢？

问题 8 这 3 个工匠团中，造船最便宜的是（请打钩）：

第一工匠团	
第二工匠团	
第三工匠团	

问题 9　如果请最便宜的工匠团来造船，那么造好 60 艘战船需要多少天？

问题 10　需要花费多少工钱？

问题 11　这样的方案满足任务要求吗？为什么？

方案 3

同样的，我们也可以算出如果请第二工匠团来造船，时间和金币数都超出了计划，不能满足任务要求。小朋友可以自己算一算哦！

以上方案都不能满足要求，那该怎么办呢？将军陷入了沉思。

聪明的你能帮将军想到一个好办法吗？

看来只用一个工匠团是解决不了问题的！

我们请几个工匠团同时来工作，是不是就可以呢？

问题 12 假设我们请第三工匠团做满 300 天，可以建造多少艘战船呢？

问题 13 还剩下多少艘战船需要建造？

对于剩下来的这些战船，我们请第二工匠团同时开工来建造吧。

问题 14 请问第二工匠团同时开工做满 300 天，可以建造多少艘战船？

问题 15 那还剩下多少艘战船需要建造呢？

剩下来的这些战船，我们请第一工匠团来同时开工建造吧。

问题 16 请问第一工匠团需要工作多少天才可以把剩下的战船建好呢？

3.3 方案分析

问题 17 第 3 个方案一共需要花费多少天？

问题 18 一共需要花费多少个金币？

问题 19 是否满足将军的要求？

问题 20 这 3 个方案比较一下，你觉得哪个方案最好呢？

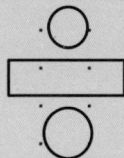

参考答案

第1章

思维训练

1

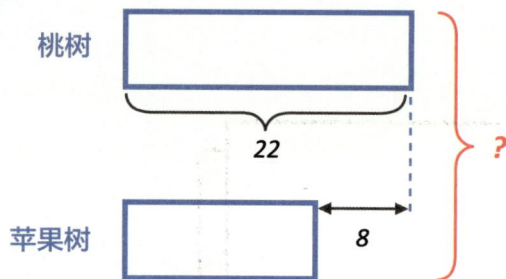

桃树
苹果树

22 − 8 = 14（棵）
14 + 22 = 36（棵）
答：果园里一共有 36 棵果树。

2

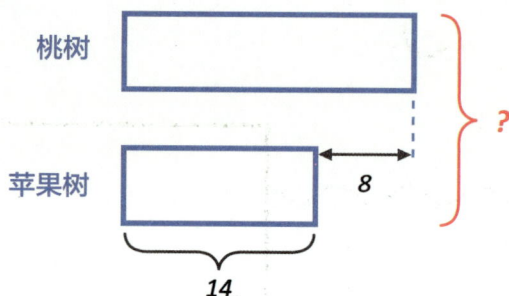

桃树
苹果树

14 + 8 = 22（棵）
22 + 14 = 36（棵）
答：果园里一共有 36 棵果树。

3

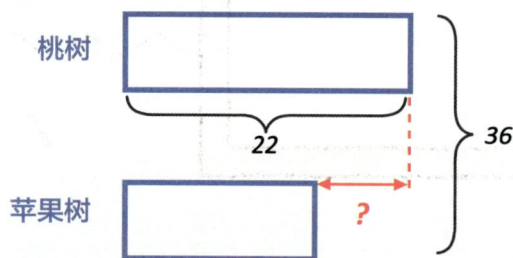

桃树
苹果树

36 − 22 = 14（棵）
22 − 14 = 8（棵）
答：桃树比苹果树多了 8 棵。

4

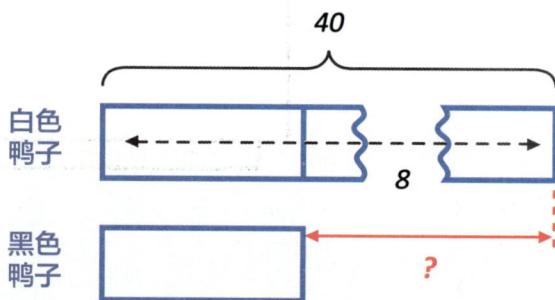

白色鸭子
黑色鸭子

40 ÷ 8 = 5（只）
5 × 7 = 35（只）
答：白色鸭子比黑色鸭子多了 35 只。

5

（1）无标准答案，例子仅供参考：
体育馆里有 18 个羽毛球，是乒乓球数量的 6 倍。请问羽毛球和乒乓球一共多少个？

（2）已知量：羽毛球 18 个，是乒乓球的 6 倍
未知量：羽毛球和乒乓球总数

（3）18 ÷ 6 = 3（个）
3 × 7 = 21（个）

（4）答：羽毛球和乒乓球一共 21 个。

6

（1）无标准答案，例子仅供参考：
体育馆里有 18 个羽毛球，是乒乓球数量的 6 倍。请问羽毛球比乒乓球多了多少个？

（2）已知量：羽毛球 18 个，是乒乓球的 6 倍
未知量：羽毛球比乒乓球多了多少个

（3）18 ÷ 6 = 3（个）
3 × 5 = 15（个）

（4）答：羽毛球比乒乓球多了 15 个。

7

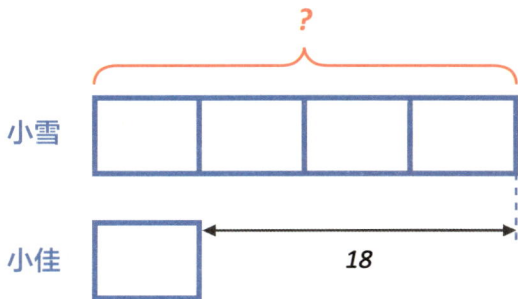

18 ÷ 3 = 6（本）
6 × 4 = 24（本）
答：小雪看了 24 本书。

8

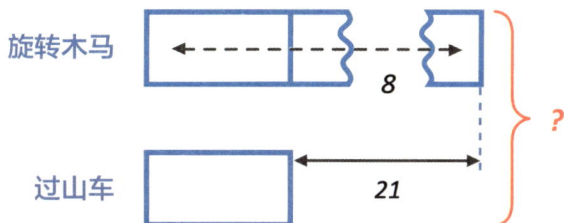

21 ÷ 7 = 3（个）
3 × 9 = 27（个）
答：一共有 27 个小朋友去游乐园玩。

9

（1）无标准答案，例子仅供参考：
图书馆里故事书的数量是科学书的 5 倍，故事书比科学书多 28 本。请问图书馆里有多少本故事书？

（2）已知量：故事书的数量是科学书的 5 倍，并且比科学书多 28 本
未知量：故事书的数量

（3）28 ÷ 4 = 7（本）
7 × 5 = 35（本）

（4）答：图书馆里有 35 本故事书。

10

（1）无标准答案，例子仅供参考：
小明看过的动画片是纪录片的 6 倍，动画片比纪录片多 20 部。请问小明看过的动画片和纪录片一共有多少部？

（2）已知量：动画片是纪录片的 6 倍，动画片比纪录片多 20 部
未知量：动画片和纪录片的总数

（3）20 ÷ 5 = 4（部）
4 × 7 = 28（部）

（4）答：小明看过的动画片和纪录片一共有 28 部。

11

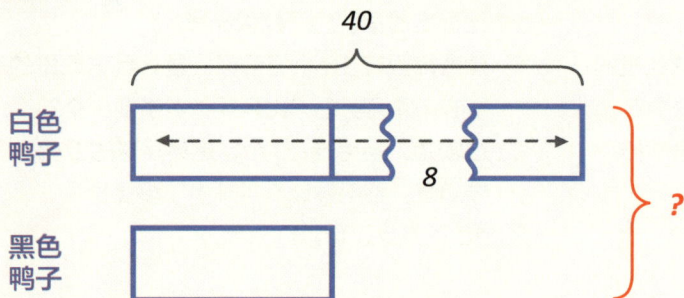

40 ÷ 8 = 5（只）

5 × 9 = 45（只）

答：湖面上一共有 45 只鸭子。

12

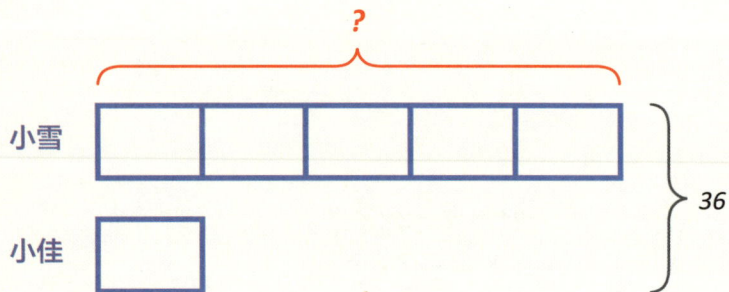

36 ÷ 6 = 6（本）

6 × 5 = 30（本）

答：小雪看了 30 本书。

13

（1）无标准答案，例子仅供参考：

　　琴行里的钢琴和小提琴一共有 45 架，钢琴数量是小提琴的 4 倍。请问钢琴有多少架?

（2）已知量：钢琴和小提琴一共有 45 架，钢琴数量是小提琴的 4 倍

　　未知量：钢琴的数量

（3）45 ÷ 5 = 9（架）

　　9 × 4 = 36（架）

（4）答：钢琴有 36 架。

14

（1）无标准答案，例子仅供参考：

今天果汁店卖出去的橙汁和苹果汁一共54杯，其中橙汁是苹果汁的5倍。请问卖出去的橙汁比苹果汁多了多少杯？

（2）已知量：橙汁和苹果汁一共54杯，橙汁是苹果汁的5倍

未知量：橙汁比苹果汁多出的数量

（3）$54 ÷ 6 = 9$（杯）

$9 × 4 = 36$（杯）

（4）答：卖出去的橙汁比苹果汁多了36杯。

15

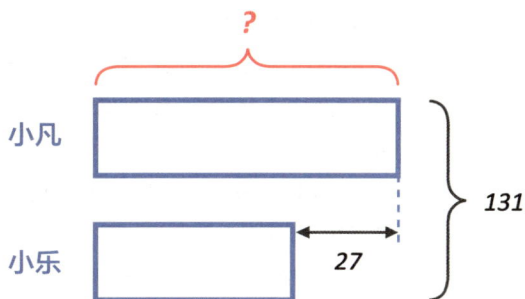

$131 + 27 = 158$（个）

$158 ÷ 2 = 79$（个）

答：小凡跳了79个。

16

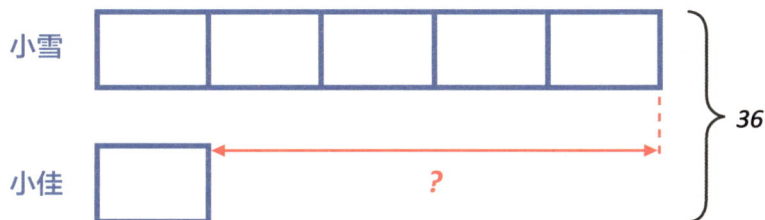

$36 ÷ 6 = 6$（本）

$6 × 4 = 24$（本）

答：小雪比小佳多看了24本书。

17

（1）无标准答案，例子仅供参考：

今天坐地铁和坐公交来上学的同学一共有35名，坐地铁的比坐公交的多19名。请问坐地铁的同学有多少名？

（2）已知量：一共有35名同学，坐地铁的比坐公交的多19名

未知量：坐地铁的同学数量

（3）$35 + 19 = 54$（名）

$54 ÷ 2 = 27$（名）

（4）答：坐地铁的同学有27名。

18

（1）无标准答案，例子仅供参考：
冰箱里有两种口味的冰激凌一共 18 支，香草味的比巧克力味的多 8 支。请问巧克力味冰激凌有多少支？

（2）已知量：冰激凌一共有 18 支，香草味的比巧克力味的多 8 支
未知量：巧克力味冰激凌的数量

（3）18 − 8 = 10（支）
10 ÷ 2 = 5（支）

（4）答：巧克力味冰激凌有 5 支。

19

（1）无标准答案，例子仅供参考：
一所学校有老师和学生一共 127 人，学生比老师多 109 人。请问老师有多少人？

（2）已知量：老师和学生总人数 127 人，学生比老师多 109 人
未知量：老师的人数

（3）127 − 109 = 18（人）
18 ÷ 2 = 9（人）

（4）答：老师有 9 人。

20

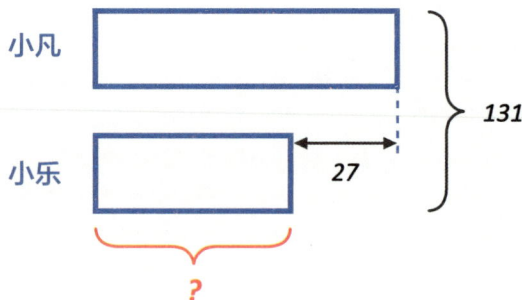

131 − 27 = 104（个）
104 ÷ 2 = 52（个）
答：小乐跳了 52 个。

英语小拓展

1

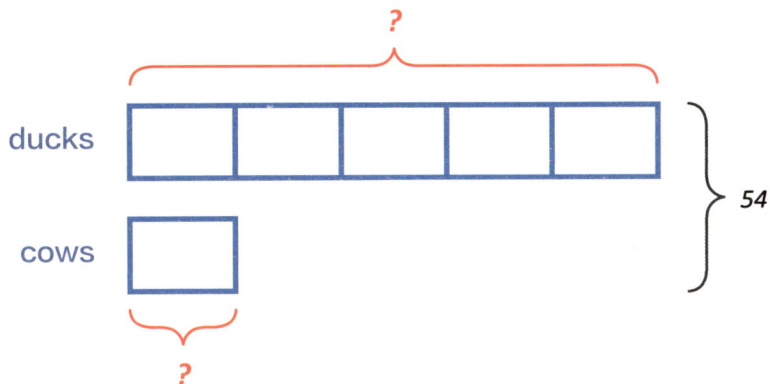

$54 \div 6 = 9$

$9 \times 5 = 45$

There are 9 cows and 45 ducks on the farm.

2

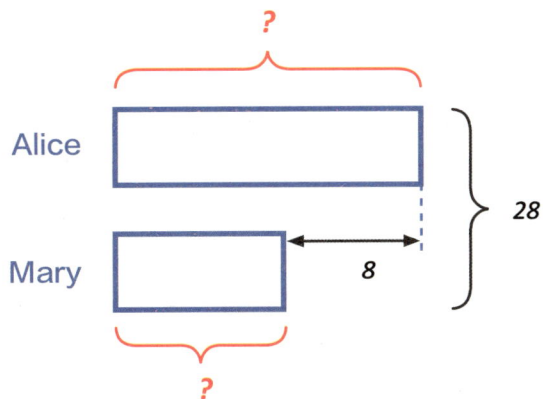

$28 + 8 = 36$

$36 \div 2 = 18$

$18 - 8 = 10$

Alice has 18 books. Mary has 10 books.

第 2 章

思维训练

1

一号车厢

二号车厢

79

7

$$79 - 7 = 72（个）$$
$$72 \div 6 = 12（个）$$

答：一号车厢有 12 个人。

2

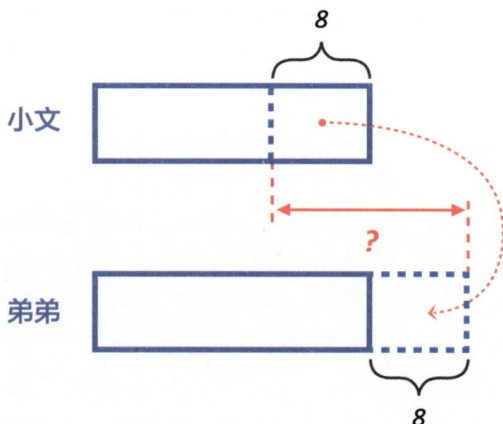

8

小文

?

弟弟

8

$$8 + 8 = 16（块）$$

答：这时弟弟比小文多 16 块饼干。

3

（1）无标准答案，例子仅供参考：

花园里蝴蝶和蜻蜓一共有 39 只，蝴蝶是蜻蜓的 4 倍还多 4 只。请问花园里有多少只蝴蝶？

（2）已知量：蝴蝶和蜻蜓总数是 39 只，蝴蝶是蜻蜓的 4 倍多 4 只

未知量：蝴蝶的数量

（3）$39 - 4 = 35（只）$

$35 \div 5 = 7（只）$

$7 \times 4 = 28（只）$

$28 + 4 = 32（只）$

（4）答：花园里有 32 只蝴蝶。

4

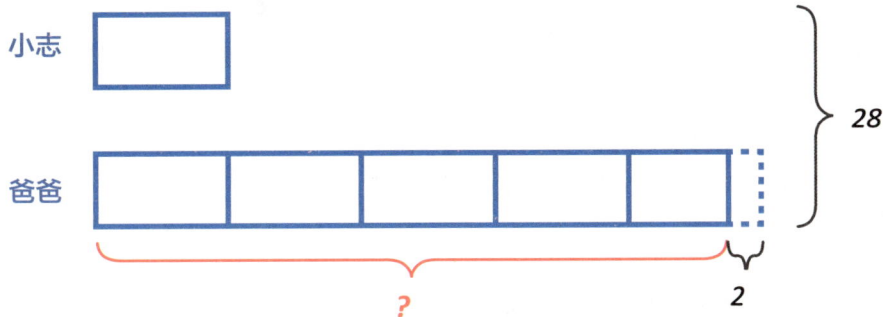

小志

爸爸

28

?

2

28 + 2 = 30（条）

30 ÷ 6 = 5（条）

5 × 5 = 25（条）

25 − 2 = 23（条）

答：爸爸钓了 23 条鱼。

5

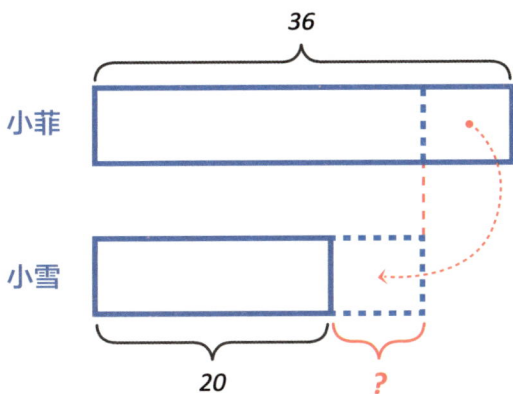

36

小菲

小雪

20

?

36 − 20 = 16（颗）

16 ÷ 2 = 8（颗）

答：如果要让她们俩的草莓一样多，小菲需要给
小雪 8 颗草莓。

6

（1）无标准答案，例子仅供参考：

在一片空地上，一群三角龙和霸王龙相遇
了，它们一共有 40 只，三角龙的数量是霸
王龙的 6 倍少 2 只。请问三角龙有多少只？

（2）已知量：三角龙和霸王龙一共 40 只，三角龙
的数量是霸王龙的 6 倍少 2 只

未知量：三角龙的数量

（3）40 + 2 = 42（只）

42 ÷ 7 = 6（只）

6 × 6 = 36（只）

36 − 2 = 34（只）

（4）答：三角龙有 34 只。

7

（1）无标准答案，例子仅供参考：

小莉和小玲有一样多的贴纸，小玲拿了 12
张给小莉。请问此时小莉比小玲多多少张
贴纸？

（2）已知量：小莉和小玲原来贴纸一样多，小
玲拿 12 张给小莉

未知量：此时小莉比小玲多出来的贴纸数量

（3）12 + 12 = 24（张）

（4）答：此时小莉比小玲多 24 张贴纸。

8

（1）无标准答案，例子仅供参考：

小南有 68 本图画书，小宇有 30 本图画书。请问，如果要让他们俩的图画书一样多，小南需要给小宇多少本？

（2）已知量：小南原有 68 本，小宇原有 30 本

未知量：要让两人的图画书一样多，小南需要给小宇多少本

（3）68 − 30 = 38（本）

38 ÷ 2 = 19（本）

（4）答：如果要让他们俩的图画书一样多，小南需要给小宇 19 本。

9

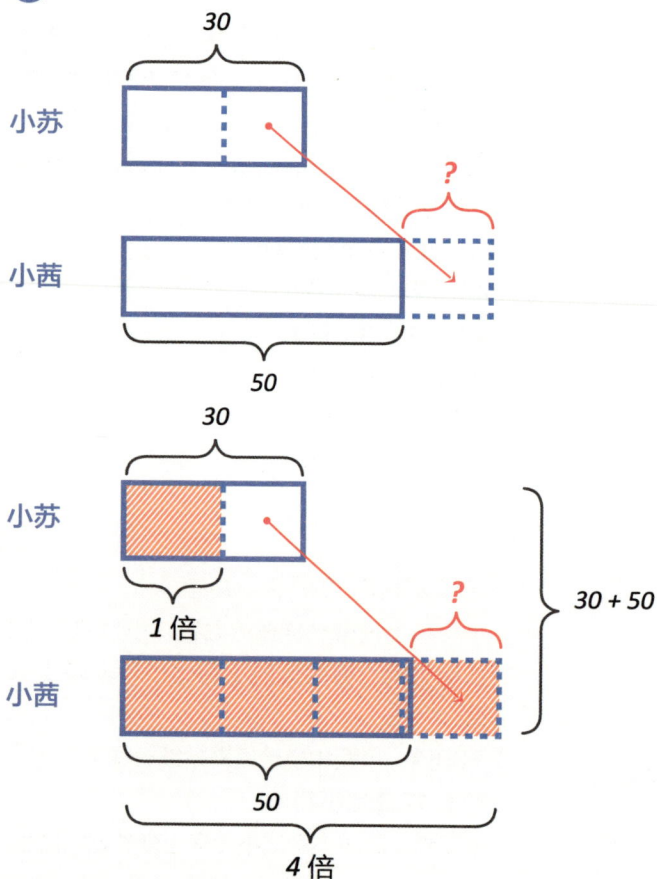

30 + 50 = 80（元）

80 ÷ 5 = 16（元）

30 − 16 = 14（元）

答：如果想让小茜的钱是小苏的 4 倍，那么小苏需要给小茜 14 元钱。

⑩

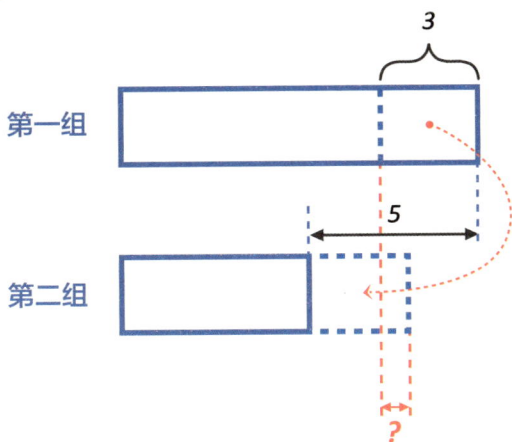

第一组

第二组

3

5

?

5 − 3 = 2（人）

3 − 2 = 1（人）

答：第二组的人数多，多了 1 人。

⑪

（1）无标准答案，例子仅供参考：

　　小芸有 17 颗樱桃，小乔有 43 颗樱桃。如果要让小乔的樱桃是小芸的 4 倍，小芸需要给小乔多少颗？

（2）已知量：原本小芸有 17 颗，小乔有 43 颗

　　未知量：如果要让小乔的樱桃是小芸的 4 倍，小芸需要给小乔多少颗

（3）43 + 17 = 60（颗）

　　60 ÷ 5 = 12（颗）

　　17 − 12 = 5（颗）

（4）答：如果要让小乔的樱桃是小芸的 4 倍，小芸需要给小乔 5 颗。

⑫

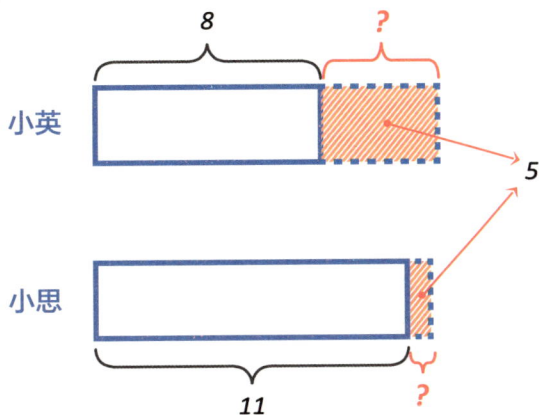

小英

小思

8

?

5

11

?

11 + 8 + 5 = 24（个）

24 ÷ 2 = 12（个）

12 − 8 = 4（个）

12 − 11 = 1（个）

答：爸爸再送给小英 4 个气球，送给小思 1 个气球，就可以使得他们的气球数量一样多。

13

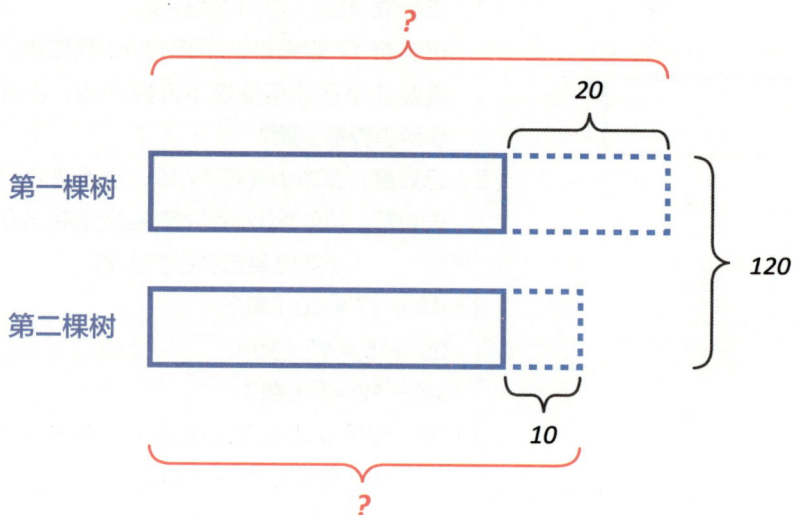

第一棵树

第二棵树

120 − 20 − 10 = 90（个）

90 ÷ 2 = 45（个）

45 + 20 = 65（个）

45 + 10 = 55（个）

答：第一棵树上原来有 65 个苹果，第二棵树上原来有 55 个苹果。

14

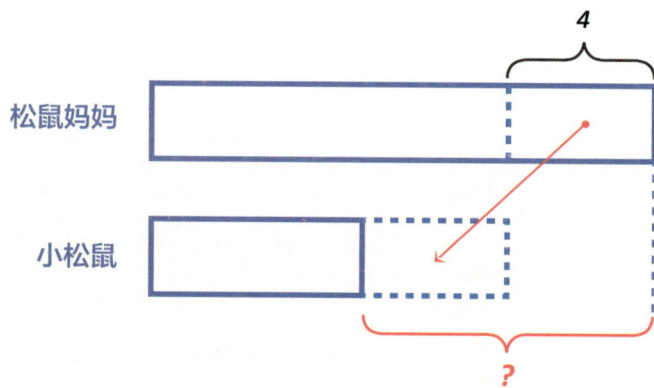

松鼠妈妈

小松鼠

4 + 4 = 8（颗）

答：原来松鼠妈妈比小松鼠多了 8 颗坚果。

15

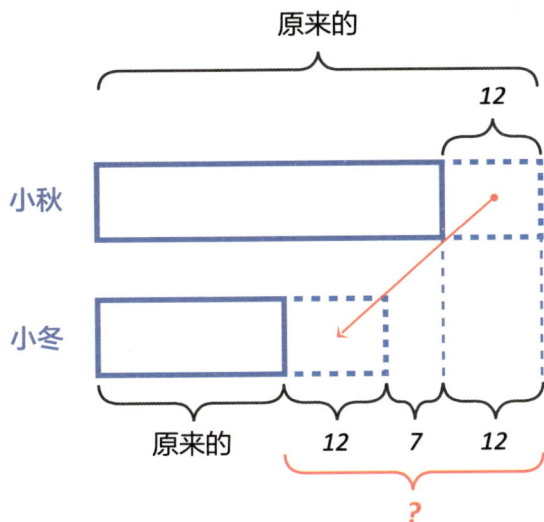

12 + 7 + 12 = 31（颗）

答：原来小秋比小冬多了 31 颗巧克力豆。

16

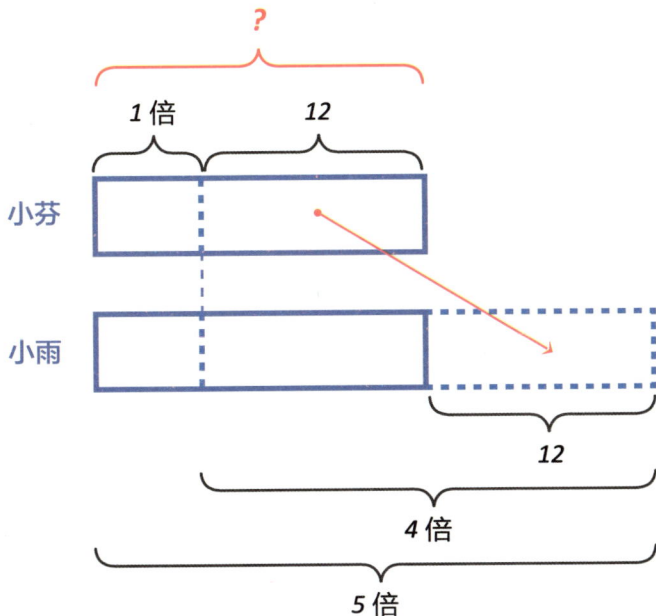

12 + 12 = 24（张）

24 ÷ 4 = 6（张）

6 + 12 = 18（张）

答：原来她们各有 18 张贴纸。

17

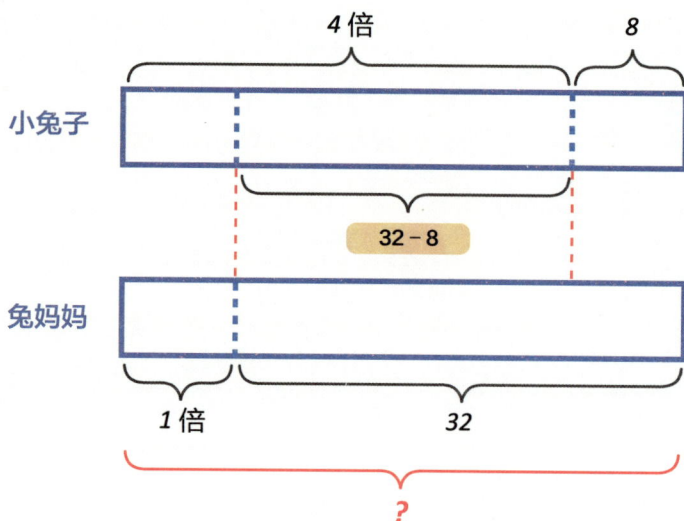

4 倍　　　　8

小兔子

32 - 8

兔妈妈

1 倍　　　　32

?

32 - 8 = 24（根）

24 ÷ 3 = 8（根）

8 + 32 = 40（根）

答：小兔子原来有 40 根胡萝卜。

18

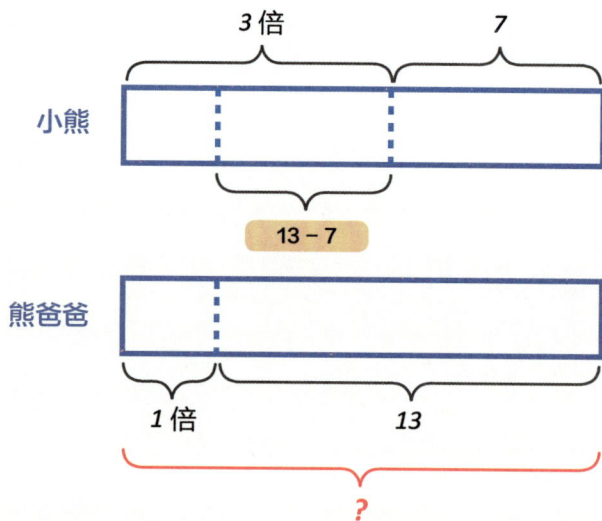

3 倍　　　　7

小熊

13 - 7

熊爸爸

1 倍　　　　13

?

13 - 7 = 6（根）

6 ÷ 2 = 3（根）

3 + 13 = 16（根）

答：原来小熊和熊爸爸各掰了 16 根玉米。

19

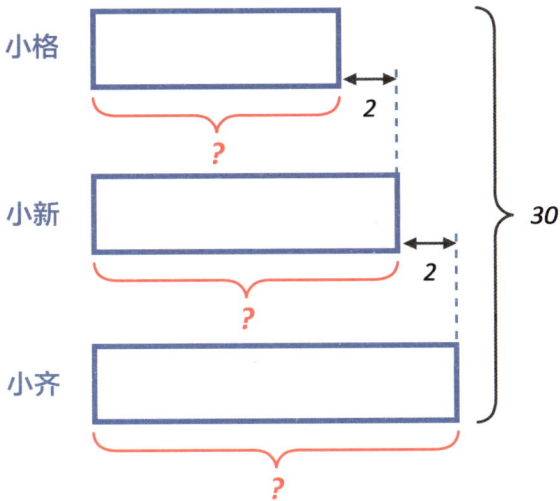

小格

小新

2

30

小齐

2

?

?

?

30 − 2 − 2 − 2 = 24（辆）

24 ÷ 3 = 8（辆）

8 + 2 = 10（辆）

10 + 2 = 12（辆）

答：小格有 8 辆玩具车，小新有 10 辆玩具车，

　　小齐有 12 辆玩具车。

20

（1）无标准答案，例子仅供参考：

　　学校举办艺术节，魔术、相声、歌曲这 3
种节目一共有 36 个，魔术节目比歌曲节目
少 12 个，相声节目比歌曲节目少 6 个。请
问这 3 种节目各有多少个？

（2）已知量：魔术、相声、歌曲节目一共 36 个，
魔术比歌曲节目少 12 个，相声比歌曲节目
少 6 个

　　未知量：3 种节目各有多少个

（3）36 + 12 + 6 = 54（个）

　　54 ÷ 3 = 18（个）

　　18 − 12 = 6（个）

　　18 − 6 = 12（个）

（4）答：魔术节目有 6 个，相声节目有 12 个，

　　　歌曲节目有 18 个。

英语小拓展

1

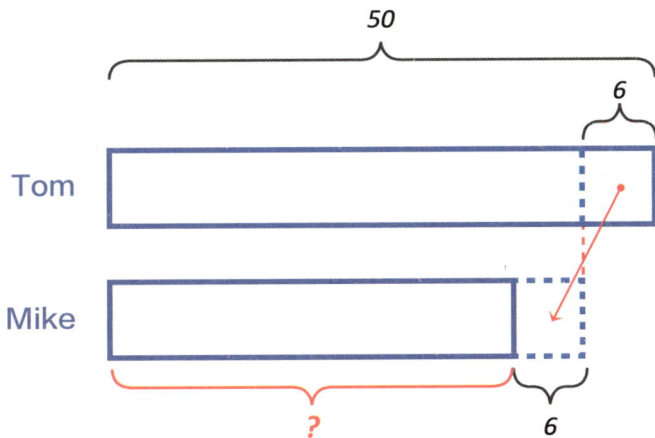

50

6

Tom

Mike

?

6

50 − 6 − 6 = 38

Mike has 38 pencils at first.

2

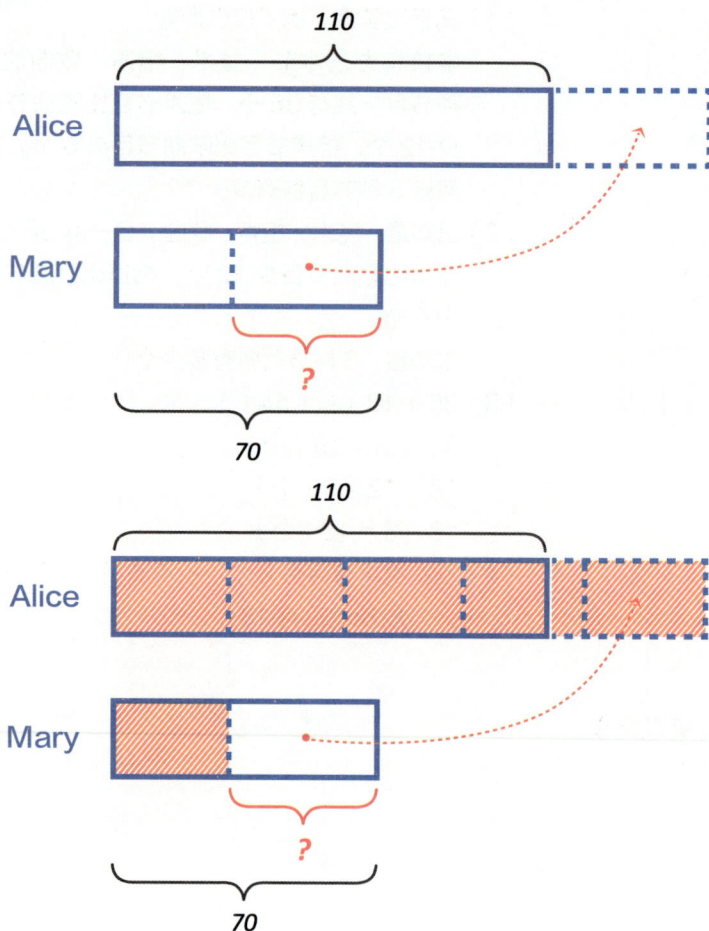

110 + 70 = 180

180 ÷ 6 = 30

70 − 30 = 40

Mary must give 40 stickers to Alice so that the number of stickers Alice has is 5 times that of Mary's.

第3章

1

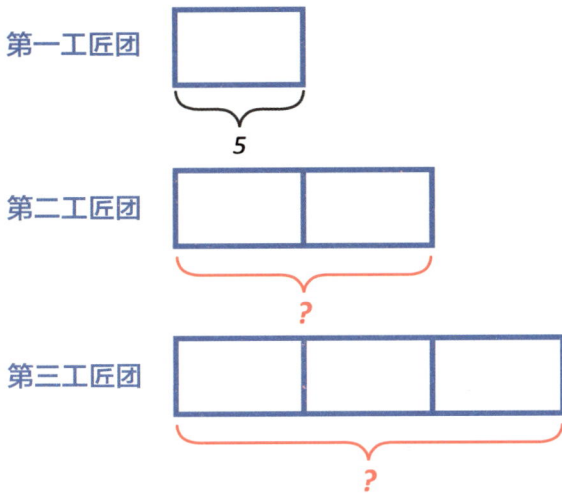

5 × 2 = 10（天）

5 × 3 = 15（天）

答：第二工匠团需要 10 天才能造好一艘战船，第三工匠团需要 15 天才能造好一艘战船。

2

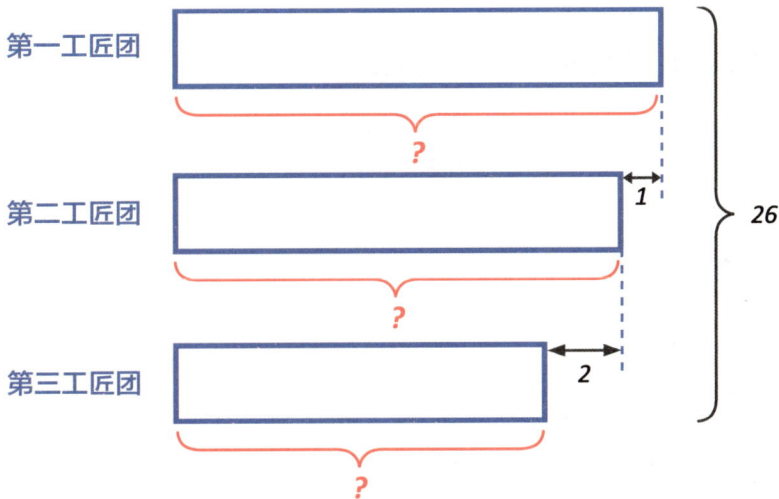

26 + 1 + 2 + 1 = 30（个）

30 ÷ 3 = 10（个）

10 − 1 = 9（个）

9 − 2 = 7（个）

答：第一工匠团造好一艘战船需要 10 个金币，第二工匠团造好一艘战船需要 9 个金币，第三工匠团
造好一艘战船需要 7 个金币。

3

工匠团编号	造好一艘战船需要的天数	造好一艘战船需要的金币数
第一工匠团	5	10
第二工匠团	10	9
第三工匠团	15	7

4

第一工匠团	√
第二工匠团	
第三工匠团	

5

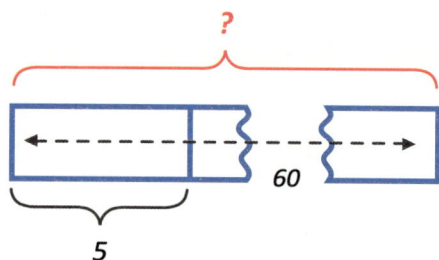

5 × 60 = 300（天）

答：请最快的第一工匠团来造船，那么造好 60
　　艘战船需要 300 天。

6

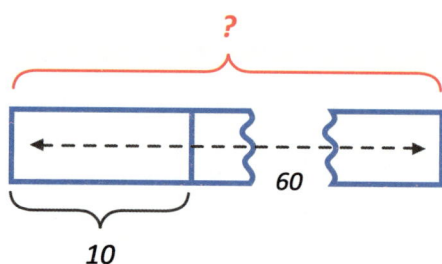

10 × 60 = 600（个）

答：需要花费 600 个金币。

7

这个方案不满足要求，因为工钱超过了 510 个
金币。

8

第一工匠团	
第二工匠团	
第三工匠团	√

9

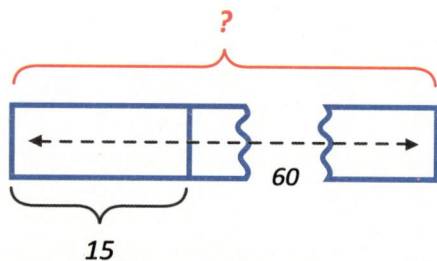

15 × 60 = 900（天）

答：请最便宜的第三工匠团来造船，那么造好 60
　　艘战船需要 900 天。

10

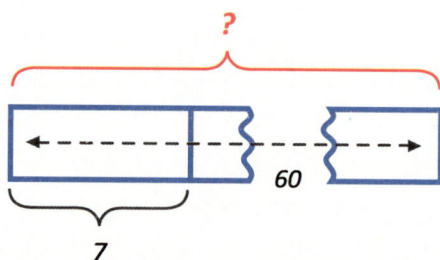

7 × 60 = 420（个）

答：需要花费 420 个金币。

11

这个方案不满足要求，因为时间超过了 300 天。

12

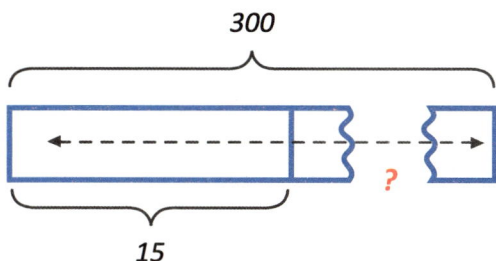

300 ÷ 15 = 20（艘）

答：请第三工匠团做满 300 天，可以建造 20 艘战船。

13

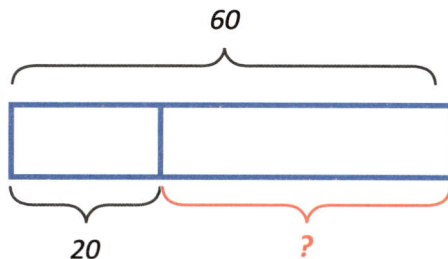

60 − 20 = 40（艘）

答：还剩下 40 艘战船需要建造。

14

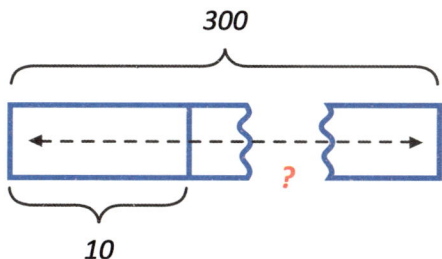

300 ÷ 10 = 30（艘）

答：第二工匠团同时开工做满 300 天，可以建造 30 艘战船。

15

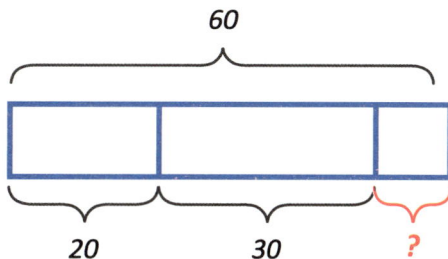

60 − 20 − 30 = 10（艘）

答：还剩下 10 艘战船需要建造。

16

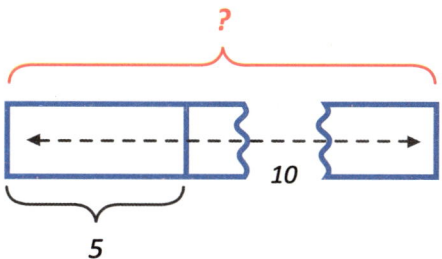

5 × 10 = 50（天）

答：第一工匠团需要工作 50 天才可以把剩下的战船建好。

17

300 天，因为 3 个工匠团同时开始造船，最慢的需要的 300 天。

18

第三工匠团：

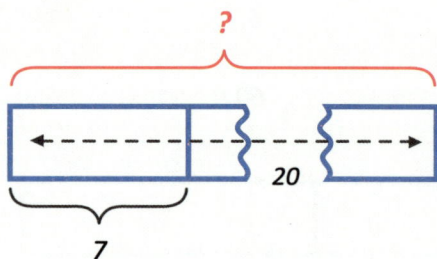

$20 \times 7 = 140$（个）

第一工匠团：

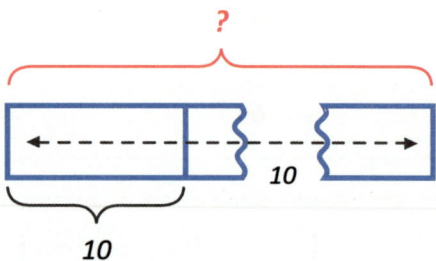

$10 \times 10 = 100$（个）

第二工匠团：

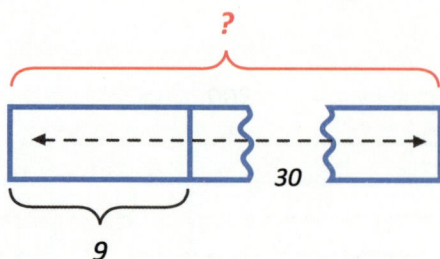

$30 \times 9 = 270$（个）

计算总金币数：

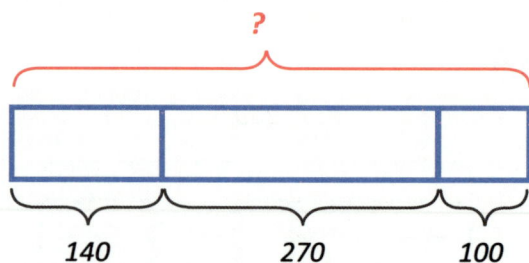

$140 + 270 + 100 = 510$（个）

答：一共需要花费 510 个金币。

19 满足要求。　　**20** 第 3 个方案最好。